拖延症自救指南

告别低效人生的 7 个实用方法

[日] 石川和男　著　　陶思瑜　译

这是一本拖延症患者的自救指南。拖延症已经成为现代人的群体症候。面对拖延顽疾，我们要如何对抗？拖延症与性格、意志没有关系，患者只不过是没有掌握打开行动的开关而已。

本书向读者传授了高效完成工作任务的7个实用有效的技巧，帮助读者解决容易判断错误的"低效率工作"问题，并用最快的速度完成重要的工作任务。

经实践证明有效且科学的减少加班而不减少成果的方法适合任何工作，尝试后，掌握适合自己的工作技巧，不断实践，并养成习惯。

SHIGOTO GA HAYAI HITO WA, "KORE" SHIKA YARANAI
Copyright© 2020 by Kazuo ISHIKAWA
All rights reserved.
First original Japanese edition published by PHP Institute, Inc., Japan.
Simplified Chinese translation rights arranged with PHP Institute, Inc.
through Copyright Agency of China. Ltd
This edition is authorized for sale in the Chinese mainland (excluding Hong Kong SAR, Macao SAR and Taiwan).

此版本仅限在中国大陆地区（不包括香港、澳门特别行政区及台湾地区）销售。

北京市版权局著作权合同登记 图字：01-2022-1579号。

图书在版编目（CIP）数据

拖延症自救指南：告别低效人生的7个实用方法 /（日）石川和男著；陶思瑜译. —北京：机械工业出版社，2022.6

ISBN 978-7-111-70997-8

Ⅰ.①拖… Ⅱ.①石… ②陶… Ⅲ.①成功心理—通俗读物 Ⅳ.①B848.4-49

中国版本图书馆 CIP 数据核字（2022）第100304号

机械工业出版社（北京市百万庄大街22号　邮政编码100037）
策划编辑：刘怡丹　　　　　　　责任编辑：刘怡丹
责任校对：王　欣　刘雅娜　　　责任印制：李　昂
北京联兴盛业印刷股份有限公司印刷

2022年7月第1版·第1次印刷
165mm×230mm·12.5印张·124千字
标准书号：ISBN 978-7-111-70997-8
定价：59.00元

电话服务　　　　　　　　　　　网络服务
客服电话：010-88361066　　　　机　工　官　网：www.cmpbook.com
　　　　　010-88379833　　　　机　工　官　博：weibo.com/cmp1952
　　　　　010-68326294　　　　金　书　网：www.golden-book.com
封底无防伪标均为盗版　　　　　机工教育服务网：www.cmpedu.com

序　言

工作不拖延的人绝对会有的"一个习惯"

请允许我冒昧地问一下：

"你觉得工作不拖延的人和工作拖延的人的根本差别是什么？"

"工作技巧？"

"大脑的运行速度？"

"人脉资源？"

"丰富的知识和经验？"

显然，上面提到的几项内容都是高效完成工作任务的必要条件。

但是，这些都还不是最根本的差别。

最根本的差别是，面对繁杂的工作任务，工作不拖延的人能够迅速辨别哪些是需要自己处理的工作，并以最快的速度完成这些工作任务。与此同时，他们还能够把不重要的工作任务巧妙地分配给其他人去完成。

仅此而已。

一方面，你要从庞杂的工作任务中找出需要优先处理完成的工作任务,就像猎人捕捉猎物一样,用最快的速度完成工作任务。

另一方面,你要能够把不需要自己亲自去做的工作任务安排给其他人去做。

这才是决定工作效率高低的关键。

可能会有人觉得这是理所应当的。但是,往往就有很多人会弄错工作的着力点,从而导致工作效率低下。

比如,人们常说:

- 从优先级别高的工作开始做起。
- 写便签把应该做的事情"可视化"。
- 只要下属努力工作,就要及时予以表扬。

其实,这些做法都是错误的。

本书将向读者传授高效完成工作任务的技巧,帮助大家解决容易判断错误的"低效率工作"问题,并用最快的速度完成重要的工作任务。

我能够身兼五职还按时下班的原因

我叫石川和男。

我现在承担着五份工作,分别担任一家建筑公司的总会计师、大学讲师、研讨班讲师、时间管理咨询师和注册税务师。

建筑公司的工作时间是每周一至周五,从早上 8:30 到下午 5:00。其他的工作则是在每周一至周五的晚上或者周六完成。

从表面上看,我像是一个工作狂,但事实并非如此。

实际上，私下里我经常会和朋友出去喝酒聊天，与家人去KTV，假日里爱看电影，享受着惬意的生活。

但是，以前的我也常常过着连续数日加班到深夜的日子。

我步入社会时，日本正处于泡沫经济时期。虽然我赶上了好时候，进入了一家建筑公司上班，但是对簿记一无所知的我，却阴差阳错地被安排到了会计部门上班。

我总是遭到前辈、领导的责骂，每天被工作折磨得筋疲力尽。

即使到了而立之年，我的工作效率依旧很低，几乎每天都要加班。

当时，每天在公司加班到深夜11点成了家常便饭。"深夜11点＝下班时间"，有时我还会加班到凌晨1点多。有时候我看着指针显示为1点的时钟，一边无奈地自言自语道"今天加了2小时的班啊"，一边又习以为常地收拾东西下班回家。

为了缓解压力，我暴饮暴食，体重不断增加，与学生时代的自己判若两人。

有一天，看着镜子里不断发福的自己，我有些惊呆了。"这就是我现在的真实样子吗？"那一瞬间，有无数想法在大脑中冒出来。

"你真的不在乎每天都加班吗？"

"你真的不在乎没时间与家人、朋友团聚吗？"

"你真的不在乎一生碌碌无为，没有时间做自己喜欢的事情吗？"

瞬间，我下定决心改变自己，"不能再这样碌碌无为了"。

我最先决定改变的是"工作效率"。

我决定竭尽全力提高工作效率，找回自己的人生。

于是，我以每年阅读100本的速度广泛涉猎有关时间管理、高效工作的书籍，规定自己每个月必须参加一次商务研讨班的活动。平时只要看到有助于提高工作效率的知识、技巧，我就立马用笔记本记下来，并付诸实践，养成习惯。

渐渐地，我加班越来越少，高效工作的技巧也运用得越来越娴熟。

曾经天天加班的我，在找回自己人生的过程中，形成了"高效工作技巧"的关键——"辨认工作着力点"的能力。

- 只要找准了工作的"着力点"，工作和人生都会焕然一新。

举一个简单的例子。

假设你被要求在一张A4纸上写1000个左右的字。虽然会写得很累，但只要集中精力写，基本上15分钟左右就能完成。写完后，你肯定会有一种成就感。

但是，如果换成是领导安排你抄写1000字左右的文件资料，你也许会说："这个不能复印吗？"

因为，如果是复印的话，完成这个工作任务的时间也就是6秒钟。

而且，复印不仅速度快，还不会出现错字、少字的问题。

这就是"辨认工作着力点"的能力。

也许有人会说："又不是抄经书，现在谁还会去抄写啊。"

但实际上，现在还是有很多公司规定求职的应届毕业生必须手写简历。

在工作中，你是否也遇到过"为什么会是这样呢"的情况。

- 明明发电子邮件就行，却必须邮寄或者见面。
- 明明口头说完就行，却必须发一个正式的邮件。
- 明明问一下别人就能解决的问题，却要自己一个人硬扛着，以至于影响了工作的进度。

怎么样？

是不是许多人都曾有过相似的经历？

那么，我想问你3个问题，你现在：

- "真的不在乎每天都加班吗？"
- "真的不在乎没时间与家人、朋友团聚吗？"
- "真的不在乎一生碌碌无为，没有时间做自己喜欢做的事情吗？"

你是否被这些工作烦恼所困，整天闷闷不乐？

如果上述情况属实，那请务必仔细阅读本书介绍的"工作着力点"和各种正确的工作技巧，并在工作实践中尝试。

尝试后，请你掌握适合自己的工作技巧，不断实践，并养成习惯。

如果我通过实践习得的知识经验能够帮助你改变今后的人生，那我将倍感荣幸。

石川和男

目　　录

序　言

第 1 章　高效工作的"7 条原则"

01 规定所有工作的"截止时间"：
工作不拖延的人具有"结束工作的能力" / 003

工作不拖延的人拥有"3 种能力" / 003

"截止时间"可以催生行动力 / 004

"截止时间"才是第一生产力 / 005

02 工作不拖延的人只需 5 秒钟就会开始行动：
"一旦开始就停不下来"的科学方法 / 007

人会在 5 秒钟后开始寻找不行动的借口 / 007

只要尝试一次，就会停不下来 / 009

03 拥有一边行动一边思考的能力：
只要坚持验证假设，工作也会加速 / 011

不行动就发现不了真正的问题点 / 011

只要不断尝试，最终工作效率就会提高 / 013

04 "细分"所有的工作：
告别工作拖延的"碎冰锥工作法"／015

　　警惕看似"轻松愉快简单"的工作／015

　　击碎超高难度的工作／016

05 巧妙利用别人的时间：
虽然无法购买自己的时间，但是可以购买别人的时间／019

　　你真的需要亲自去做那份工作吗／019

　　如果是双赢，甚至可以拜托领导去做／021

06 以时薪为标准来考量工作：
强者会经常计算"支出与效果"／023

　　这个成本削减真的会带来效益吗／023

　　综合了情感和满意度的判断／024

07 规定不用做的事情：
察觉无用规矩的3种方法／027

　　如何取得最好的效益／027

　　聪明地发现"不用做的事情"／028

第2章　告别工作拖延的最快工作方法

01 不要一大早就去做重要的工作：
用最快的起步速度去冲刺的诀窍／033

　　工作不拖延的人，大脑状态的切换也很快／033

不要一大早就去做优先级别高的工作／035

02 快速整理思维的笔记法：
让所有工作任务可视化的管理方法／037

用一个"任务笔记本"来提高"安心感"／037

应该让工作和生活都"可视化"／039

"任务笔记本"与"碎冰锥工作法"的完美搭配／040

03 "任务笔记本"的超实用方法：
让"任务笔记本"效果翻倍的技巧／042

"任务笔记本"会让人自然产生行动力／042

切忌不顾一切地去处理工作任务／043

"任务笔记本"上工作任务的排序秘诀／044

"任务笔记本"让决策速度变快／044

04 用"15分钟"切分所有的工作：
无须勉强就能继续工作的"超级
集中精力法"／046

最高效的时间管理法——"番茄时间管理法"／046

在办公室实践"番茄时间管理法"的诀窍／048

"番茄时间管理法"的日本版——"15分钟工作法"／049

05 绝对不要使用便签：
意想不到的工作任务管理遗漏点／051

不能用便签管理任务的"4个理由"／051

06 优先完成"自己的计划"：
让生活丰富多彩的日程管理诀窍／055
工作不拖延的人的私人生活也很充实的原因／055
诀窍是"广而告之"／056
私人邀请也很重要／057

07 桌面上只能有一项工作：
工作不拖延的人的整理收纳法／059
保持桌面整洁的理由／059
整理有助于工作状态的切换／060

第3章 不要包揽所有的工作——"沟通"的秘诀

01 工作不拖延的人用"数字"进行交流：
不用返工的沟通方法／065
为什么不能回答"马上就好了"／065
用数字进行交流，可以预防工作失误／067

02 7类工作拖延症患者：
只要查明原因，就能找到应对方法／069
迅速完成被委派工作的沟通方法／069

03 人的能动性会受环境条件的影响：
仅需一个行动就能激发下属的能动性／074
"霍桑实验"的意外结果／074
"内心情感的变化"可以显著提高工作效率／076

XI

04 消灭无用会议的"磋商法"：
弄清会议的目的，以最快速度找到结论 / 079
　　会议的"4 种形式"/ 079
　　开会时最好先明确两件事 / 083

05 助力下属成长的"批评法"：可以批评"行为"，
但不要否定人格 / 085
　　为什么新员工会在 3 年内辞职 / 085
　　批评"行为"，助力下属成长 / 086

第 4 章　争分夺秒——提高团队工作效率的诀窍

01 高效的团队必然是"极简主义者"：
如何减少降低团队工作效率的"找东西"/ 091
　　一年竟有 150 个小时在"找东西"/ 091
　　减少物品可以提高团队的工作效率 / 093

02 减少九成的"找东西"时间：
赶走夺去时间的 3 类"找东西"/ 095
　　必须减少 3 类"找东西"/ 095

03 "一眼就能找到目标物品"的整理方法：
高效团队有固定的物品收纳点/ 100
　　规定了物品收纳点之后，行动也会加速 / 100
　　努力做到让物品收纳点的物品一目了然 / 101
　　确保全体成员共享公共书籍和公共数据 / 102

04 高效的电子邮件管理技巧：
防止被电子邮件夺走时间的 8 种方法／104

你是不是被电子邮件折腾得晕头转向／104

05 人不会仅仅为了"目标"而行动：
激发团队成员行动力的"4 个要点"／110

比"目标"更重要的东西是什么／110

与团队成员共享"4 个要点"／112

06 高效团队擅长反省：
用"超高效 PDCA"持续鞭策团队的诀窍／114

"偷艺"已经过时／114

善于利用"超高效 PDCA"／116

第 5 章 用最快速度完成"从 0 到 1"的创造性思维方法

01 能够快速输出成果的秘密：
从其他公司或其他行业搜集点子并为我所用的诀窍／121

"创造性工作"就是"写作"／121

能够输出成果的人会从公司之外摄取知识／122

02 "自由地思考"需要加以"限制"：
"随便"的陷阱／124

"随便"会让人丧失行动力／124

"限制"会加快"创造性工作"的完成速度／125

03 实现"从0到1"的必要事项：
即使没有示范也不焦虑的诀窍／127
遇到新工作，首先收集资料／127

收集资料的两个诀窍／128

04 即使不擅长"从0到1"也能顺利完成工作的联想法：
做"创造性工作"效率高的人不会独自烦恼／131
为什么我能够写各种主题的书籍／131

"借用别人的大脑"是最便捷的办法／132

能够激发能动性的对话／134

做"创造性工作"效率高的人喜欢"闲聊"／136

05 "绝不犯错"的检查法：
消灭一切疏漏的"6W3H"／137
遗漏信息会导致返工／137

"5W1H"的进阶版"6W3H"／138

06 能够将想法具象化的秘诀：
"创造性工作"适合不擅长交际的人／140
我也曾想过逃离"创造性工作"／140

即使现在做得不完美，稍后也能修改／142

第6章 工作不拖延的人如何增加私人时间

01 工作不拖延的人的"早起习惯"之一：
在清晨处理"重要但不紧迫的工作"／147

根据紧迫性和重要性将工作任务划分为 4 类 / 147

完成"重要但不紧迫"工作的方法 / 149

02 工作不拖延的人的"早起习惯"之二：
把握住了应该着力的时间段 / 151

清晨的注意力最集中 / 151

我利用"清晨时间"通过了注册税务师考试 / 153

充分利用清晨时间的诀窍是"反推"行动的时间 / 155

03 不惧失败的精神：
用这个办法摆脱辞职情绪 / 157

试着将目标变成例行公事 / 157

铃木一郎会因为"有六成的球没有打到"而召开记者
会道歉吗 / 159

如果想辞职了怎么办 / 160

04 工作不拖延的人爱读书：
选择好书，保持阅读习惯 / 162

阅读是工作的加速器 / 162

如何选择适合自己的书籍 / 163

我的处女作的写作秘密 / 164

05 速读的诀窍在于"目的意识"：
养成实践书本知识的习惯 / 167

我在研讨班最先传授的知识 / 167

实践书本知识的阅读方法 / 169

06 成功者只要有 15 分钟时间就会去咖啡店：
不浪费一分一秒的习惯 / 171

改变环境可以提高效率 / 171

即便只有 15 分钟也要去咖啡店的意外效果 / 173

07 告别工作拖延的"终极方法"：
近朱者赤，近墨者黑 / 176

"跳蚤与杯子的故事"其实有后续 / 176

告别工作拖延的"终极方法" / 177

拥有能高效完成工作的伙伴 / 179

结　语 / 181

CHAPTER ONE

第 1 章

高效工作的"7条原则"

拖延症自救指南:
告别低效人生的7个实用方法

01 规定所有工作的"截止时间":工作不拖延的人具有"结束工作的能力"

> 工作不拖延的人在工作时遵循的首要原则是,"一定要规定工作的'截止时间'",要很好地利用"截止时间"临近时所催生的超强行动力。

工作不拖延的人拥有"3 种能力"

我在序言中曾提到,"工作着力点"非常重要。要想正确地把握它且尽快完成工作,需要具备以下 3 种能力:

(1) 能够以最快的速度完成自己的工作。
(2) 能够将可以交给别人(机器)去做的事情安排给别人(机器) 去做。

（3）能够准确地辨别某项工作是否需要自己亲自去做。

在本章，我将向大家介绍上述 3 种能力。

首先，我们来看"能够以最快的速度完成自己的工作"的能力。

"截止时间"可以催生行动力

一定要规定工作的截止时间。

"会议 30 分钟后开始，但是发言资料还没准备好……"

"1 个小时后就要见客户了，但是介绍资料还没准备好……"

无论是谁，大概都经历过上述情况。

不妨回忆一下，是不是一旦临近工作的截止时间，你就会爆发出超强的行动力，工作速度会迅速加快？

规定工作的截止时间，是激发"行动力"的最有效方法。

曾经，有一位朋友问过我一个脑筋急转弯问题：

"什么人无论工作多么忙都从不加班？"

你知道答案吗？

掌握要领的人？头脑聪明的人？

这些回答都不对。

当他将答案告诉我后，我忍不住拍手叫绝。

这个答案是"将孩子寄放在托儿所的母亲"。

以前，我家孩子被寄放在托儿所时，每周有一半的日子都是我去接孩子回家。当时，无论白天有多忙，我都会按时去接孩子。我会采取一切手段保证自己能够"按时"离开公司去接孩子。

所以，如果想要加快工作速度，平时就要养成规定"截止时间"的习惯。

"截止时间"才是第一生产力

"工作量会不断膨胀，直到完全占用所有被赋予的完成时间。"

这是1958年英国历史学家、政治学家西里尔·诺斯古德·帕金森（Cyril. Northcote Parkinson）提出的"帕金森法则"第一条的内容。

假设会议时长是1小时，那么即使只需要30分钟就能商讨出结论，但是加上闲聊，会议还是会开满1小时。如果领导每天都加班到晚上8点钟才下班，那么下属即使在正常下班时间前就能完成所有工作任务，也会磨磨蹭蹭拖到领导的下班点才做完。

人一定会用完所有被赋予的时间。

但是，反过来说，如果规定了工作的"截止时间"，人就会根据"截止时间"来推进工作。我们可以反向利用人们无法不在乎"截止时间"的这种心理。

我在工作时，就会利用智能手机的振动功能，给每项工作任务规定"截止时间"。为了防止自己在工作时看LINE（一款即时通信软件）、刷Twitter（一家美国社交网络及微博客户服务网站）、玩手机，我一般不用现在正在使用的手机，而是用以前的旧手机来计时。

因为我总是在设定的时间之前完成任务，所以我很少听到手机的振动。能够设定恰当的工作时长是一种很重要的工作能力。

要点

如果规定了"截止时间"，就会催生出在规定时间内完成工作任务的行动力。

02 工作不拖延的人只需5秒钟就会开始行动："一旦开始就停不下来"的科学方法

> 有时候，虽然头脑里知道"必须做"，但身体却不想动。这时候就需要"5秒钟定律"。

人会在5秒钟后开始寻找不行动的借口

你是否有过这样的经历：明明闹钟响了，却躲在被子里想着"好冷啊，好困啊，不想起床啊……今天会议的资料还没准备好，会被部长批评吧……好烦啊"，渐渐地就更加不想起床了。

又或是，坐在人满为患的电车里，面前站着一位老人。虽然想让座，但又担心对方会误会自己嫌弃他老，而生气地说"我还没这么老呢"，从而导致气氛变得很尴尬，于是只好放弃让座的想法。

实际上,"想着想着就丧失行动力"的现象是有科学依据的。美国主持人梅尔·罗宾斯(Mel Robbins)曾提出过"5秒钟定律"。

具体来说就是,人的大脑在思考做某件事的必要性时,如果思考时间超过了5秒钟,就会开始寻找不需要做的理由。

5秒钟!竟然只需要5秒钟就能决定之后的行动。

回到刚才举的例子:必须在5秒钟以内起床;必须在5秒钟以内站起来让座。

那么,怎样才能做到在5秒钟以内采取行动呢?

答案很简单,只需要在心中默默倒计时:

"3、2、1、行动"。

即便可能是棘手的工作,你也可以默念:

"3、2、1、行动",勇敢地迈出第一步。

遇到可能难以回复的邮件,你可以默念:

"3、2、1、行动",然后开始读邮件,并马上做出回复。

不要给自己的大脑留下思考拖延理由的时间,而要马上开始工作。如此形成习惯,不久你就会发现,自己的工作效率会有显著提高。

只要尝试一次，就会停不下来

再介绍一个"马上行动"的方法。

据说"作业兴奋"理论是心理学家埃米尔·克雷佩林（Emil Kraepelin）发现的，他认为"工作会刺激大脑，让人想继续工作"。

比如，有人立下"每天跳绳 100 下"的目标。刚开始的几天，他能够很轻松地完成 100 下的跳绳目标。但是，过了几天后，他就会找"今天好冷啊，手腕也有点痛"等各种理由，偷懒不跳绳。

如何避免这种"三分钟热度"现象的出现呢？

答案很简单，那就是强迫自己："哪怕只跳一下，也要跳！"

当脑海里出现"今天想偷懒"的想法时，要尽量说服自己"跳一下就不跳了"，而不是寻找"明天再跳吧"的理由。哪怕是爬也要从屋内爬出去跳绳，哪怕是跳一下也要去跳。

只要跳一下，你就会忍不住继续跳下去。

反正已经出来跳了，那就不妨再继续跳 2 下、跳 3 下、跳 10 下，最后在不知不觉中就跳完了 100 下。只要跳了一下，"作业兴奋"心理就会开始发挥作用，促使人在无意识中继续跳绳。

工作也是一样。最棘手的是根本就"没有开始"。

因此，你在工作中要遵循"5 秒钟定律"，先开始做了再说。

只要开始做了,人就很难停下来。所以,用最快的速度完成工作任务的诀窍是,"无论如何,先开始做起来再说。3、2、1、行动"。

利用"5秒钟定律"和"作业兴奋"的理论,成为速战速决的人!

03 拥有一边行动一边思考的能力；只要坚持验证假设，工作也会加速

> 开始做工作之前，先要做好相应的准备。
> 但是，如果你过于慎重，一直在做准备的话，就会浪费时间。
> 工作不拖延的人会"一边做一边找到问题点"。

不行动就发现不了真正的问题点

我经常听到有人抱怨，因为担心行动出现失误，所以迟迟不敢采取行动。在这些人中，其实有很多人平时工作效率还是挺高的。

但是遇到下列情形时，你会怎么办呢？

"从未做过的工作"。

"创造性的工作"。

"非常难的工作"。

准备开始做上述工作时,有些人会突然感到不安,大脑停止思考,变得不敢迈出第一步。

虽然我现在在这里"高谈阔论",但实际上我曾经也是畏首畏尾的。在开展新工作时,我会非常害怕失败,于是就拼命收集各种资料、信息。

在取得注册税务师资格证之后,终于可以"开业接单"时,我头脑里充满了各种惶恐不安:"不对,等一下,法人税和继承税那么重要,但是我还没有考呢。我必须在开始接单前好好学习,全部掌握。""不对,我还要看培训学校的影像资料,提前学习其他的税法。""如果打算买会计软件,那还需要学习电脑知识,这个领域的书也要熟读。"诸如此类的顾虑便使我迟迟不敢"开业接单"。

瞻前顾后、犹豫不决,这些都是导致工作拖延的陷阱。

其实,只有开始做起来,才能知道工作中真正的问题点在哪里。

经过反复思考后,我改弦易辙,决定先"开业接单"再说。

如果接单后发现问题,再有针对性地弥补也不迟。

实际上,"开业接单"后我发现,自己之前的担心大多数都是杞人忧天。

在工作中,我很少遇到继承案例;会计软件也配有通俗易懂的说明书，操作很简单。

但是，我也发现了一些真正重要的事情。

这些事情全是在"开业接单"之前我根本想不到的。我甚至觉得，早知如此，当初就应该尽早"开业接单"。

所以，即便是为了找到真正的问题点，也应该先做起来再说。

只要不断尝试，最终工作效率就会提高

这里有一点需要特别提醒大家注意。那就是，工作需要一边做一边尝试。

工作时不能冲动行事，而应在工作之前，先建立一个如何工作的假设。然后，在工作过程中，一边检验自己的假设一边向前推进工作。

最初的假设不完美也没关系，但一定要先建立一个假设，然后再采取行动。如果先前建立的假设存在问题，那就尝试建立新的假设。此外，在检验假设的过程中，要不断搜集必要的信息。

需要注意的是，不是先搜集信息，而是先建立假设，并采取行动。只有先建立假设并采取行动，你才知道需要搜集什么信息。

本田汽车创始人本田宗一郎也说过："人生由'所见''所闻''所试'这三种智慧组成，我认为其中最重要的是'所

试'。"

一般来说,商务工作都要求工作者必须在规定的时间内取得工作成果。如果时间都用来搜集信息了,最后反而会导致工作任务不能按时完成。那么,在大家眼里,负责该项工作的人就会变成工作拖延的人。

相反,工作不拖延的人因为在不断尝试,不断调整,所以能够很快地完成工作任务。

　　　　　　　　一边行动一边尝试,答案就出现在行动之后。

04 "细分"所有的工作:告别工作拖延的"碎冰锥工作法"

人们很容易将棘手的工作拖延到后面,这样一来,完成工作的时间就会更长。

在此,我想向大家推荐"碎冰锥工作法"。

警惕看似"轻松愉快简单"的工作

什么样的工作能够让你产生行动力呢?

如果是"喜欢的工作",即使没人安排,一般来说你也会主动去做。

"轻松的工作"和"顺手的工作"因为简单无压力,一般你都能按时完成。

我以前参加的研讨班的一位老师——箱田忠昭先生把这类工

作称作"轻松愉快简单"的工作，他提醒我们一定要"警惕看似轻松愉快简单的工作！"

这是为什么呢？因为兴致勃勃地做完"轻松的工作""愉快的工作""简单的工作"后，剩下的就全是"讨厌的工作""棘手的工作"和"麻烦的工作"了。

而且，到了下午，人的注意力会越来越难以集中，就更加不想工作了。

在干劲十足的上午做"轻松愉快简单"的工作，在精神涣散的下午做"讨厌棘手麻烦"的工作，是非常低效的工作方式，属于弄错了"工作着力点"的典型做法。

可是，人的本性就是不想做"讨厌棘手麻烦"的工作，而只想做"轻松愉快简单"的工作。人若没有顽强的意志，就很容易变成工作上的逃兵。

击碎超高难度的工作

有一个办法可以把那些想往后拖的棘手的工作变成轻松的工作。这个办法就是"细分"工作。

比如，在会计部门，最棘手的工作就是"结算"。

你是否听会计部门的人说过下面的话：

"下个月就要结算了！""这个月要结算，没时间去喝酒！"……没错，就像这些抱怨的人所说的那样，结算是一项非常棘手的工作。

所以,会计部门的人即使知道"马上就要结算了",但还是不想去做。

一直拖到快到截止时间时,他们才会手忙脚乱地开始结算工作,结果差错频发,返工变多,甚至还可能出现申报错误。

那么,我们应该怎么做才能避免这种情况发生呢?答案是细分工作。

我一般会这样细分结算工作。

(1) 复印去年的结算表。

(2) 检查现金。

(3) 去银行打印余额证明。

(4) 检查应收票据。

(5) 检查应付票据。

……

通过细分工作,我会自己去复印去年的结算表,让手头没事的 A 和 B 负责检查现金。因为 C 说过有事要去银行,那就拜托他顺便帮忙去打印余额证明。我就是这样将棘手的结算工作一步一步往前推进的。

我将这种工作方式称为"碎冰锥工作法"。

用冰镐把大冰块砸成小碎冰。显然,砸碎后的小冰块的融化速度比大冰块要快好几倍。

工作也是一样。分得越细,就越好处理。

换言之,"讨厌棘手麻烦"的工作可以被细分成"轻松愉快简单"的工作。

平时喜欢拖延工作的人,请一定要试试"碎冰锥工作法"。

  巨大的冰山被击碎后,就变成了普通的小冰块。

05 巧妙利用别人的时间：虽然无法购买自己的时间，但是可以购买别人的时间

> 即使想加快工作的速度，但一个人能够做的事情是极为有限的。此时，工作不拖延的人就会使用"委托"技能。

你真的需要亲自去做那份工作吗

在本小节，我将介绍巧妙地将不需要自己亲自去做的事情委托给别人去做的能力。在介绍之前，我想告诉大家一句话：

"虽然无法购买自己的时间，但是你可以购买别人的时间。"

第一次听到这句话时，我感到醍醐灌顶、茅塞顿开。

每个人每天都只有 24 个小时。你不可能因为自己捡起了街

边的垃圾就额外获得 2 个小时的奖励，也不会因为随意扔垃圾就减少 2 个小时的时间。

对于所有人来说，1 天只有 24 个小时。无论你多么富有，你都没办法购买更多的时间。

虽然我们没办法购买自己的时间，但是可以购买别人的时间：向他人支付合理的报酬，让他人代劳完成工作任务。

这就是"委托"的本质。

在听到"虽然无法购买自己的时间，但是你可以购买别人的时间"这句话之前，我总是独自一人加班到深夜 11 点钟。

对于决心改头换面的我来说，那句话堪称至理名言。

自此以后，我开始有意识地注意"委任 = 购买别人的时间"。我经常思考"这项工作任务能不能委托给别人去做"，如果判断可以，那就让别人去做，这样一来，我的工作效率就大大提高了。

根据英国一所大学的调查显示，在事务类职场的领导独自承担的工作中，有 41% 的工作是可以交由下属去做的。

可想而知，在被认为是高生产率国家的英国都尚且如此，那在发达国家中生产率最低的日本（在七大发达国家中，日本的"劳动生产率"连续 47 年倒数第一），领导们所承担的工作中，可以交由下属去完成的工作绝对不止 41%，而只会更多。

如果是双赢，甚至可以拜托领导去做

需要说明的是，我并不是在鼓励大家把工作全都推给别人去做。

我认为，最重要的是，让被委托的人能从被委托的工作中取得成果、获得报酬，形成双赢。

这样说来，把某些工作委托给领导去做，也不是不可以的。

假设你需要去老客户 A 公司签一份合同，往返需耗时 6 个小时，那你不妨向领导这么提议："部长，A 公司同意签约了！如果部长能亲自去签约的话，可能还可以把价格再谈低一点。如果可以的话，能否请部长亲自去 A 公司签约？我也可以利用这个时间去做那个大型不动产项目的报价书。"

这种于私于公都有利的合理委托，领导应该不会反感。

说不定，对方见公司领导亲自出马来签约，真的会同意降价。这样，领导也会觉得很有面子。而且，你做的大型不动产项目的报价书，最后也会有领导的一份功劳。领导从这件事中可以"一箭双雕"，获得双倍的利益。

最重要的是，通过将工作委托给领导去做，你就多出了 6 个小时，可以完成更多的工作任务。

所以，将有些工作任务委托给别人去做绝非坏事。有时候，将工作任务委托给别人去做完全是对双方都有利的双赢举动。

我建议那些抱怨"工作效率低、时间不够"的人,在开始着手工作之前,不妨先想想,"这项工作任务能不能委托给别人去做"。

 只要掌握了"委托"的诀窍,工作效率就会得到极大的提高。

06 以时薪为标准来考量工作：强者会经常计算"支出与效果"

在制订经费计划、购买物资时，人们都会考虑尽量减少不必要的支出，想着如何尽量降低成本。其实，这是本末倒置，会导致工作效率下降。
工作不拖延的人会永远关注"支出与效果"的关系。

这个成本削减真的会带来效益吗

为了尽量提高工作效率，下面我谈一下"如何恰当地辨别某项工作是否需要自己亲自去做"这个问题。

前面我说过，我们"可以用金钱购买别人的时间"，但我们首先要"弄清楚自己的时间的价值"。

有这样一个笑话："隔壁街区超市的萝卜便宜50日元，我就专门去那个超市买了。我这样做是不是很聪明？虽然来回坐电车花费了 400 日元，还耗去了我半天的时间。"

虽然这只是一个笑话，但我们却不能一笑了之。

在日常生活中，我们经常因为追求眼前的利益而损失了长远利益，浪费了宝贵的时间。

因此，我在工作时总是注意思考"支出与效果"的关系。

其实，思考"支出与效果"的关系并不难。

举例来说，当需要乘坐 30 分钟以上的电车时，我一般就会买商务座。虽然不同车次的商务座价格不一样，但绝对不便宜。如果我们单看"价格"，可能会觉得有点浪费。

但是，正是因为我花高价钱买了商务座，我才能充分利用乘车时间来写稿子或读书。在车上，我经常环顾四周，发现商务座车厢的人大多数都在工作，很少有人玩游戏。而且，当看到别人在努力工作或学习时，我也会受到感染，觉得"自己还要加油啊"。

这样综合来看，高票价的商务座对于我来说就不贵了。因此，在考虑削减成本时，我们最好不要削减那些会影响到工作效果的支出。

综合了情感和满意度的判断

在考虑"支出与效果"的基础上，我来谈一下我过去受到的教训。

我曾经担任过公司的总务科科长,负责管理公司的电脑。

有一次,有部门申请说:"电脑速度变慢了,想换电脑。"我去检查后发现,只不过是慢了几秒钟而已。

我心想"只不过是慢了几秒钟而已,忍一忍就好了",考虑到换电脑的成本问题,我没有批准他们换电脑的申请。

半年后,我发现自己的这个判断错了。

因为我发现自己的电脑速度也变慢了。虽说每次电脑死机只有几秒钟时间,但是我的工作节奏被打乱了,注意力也中断了。

实际上,每次电脑死机,我就会去喝咖啡、抽烟(现在禁烟了),结果工作效率大幅度降低。

现在回想起来,当初拒绝部门换电脑的申请是完全错误的。每次想到因为我的错误判断,让大家的工作效率受到影响,我就很愧疚。

在这件事上,我的错误是没有考虑到仅仅几秒钟的电脑死机会给全公司员工的工作效率造成严重的影响。

所以,在考虑工作中"支出与效果"的关系时,我们不仅要考虑金额、时间等数字问题,还要想到这些变化可能引发的感情、满意度等心理问题。

我推荐大家以"时薪"为标准来进行判断。

具体做法是,用总工资除以上班天数,再除以每天的工作时间,从而计算出时薪。

假设 A 的年收入是 500 万日元,每年上班 250 天,每天工作 8 小时,那就是"500 万日元÷(250 天×8 小时/天)=2500 日元/小时",所以 A 的时薪是 2500 日元。

如此一来,如果一项工作需要耗时 10 个小时左右,那就可以考虑委托给其他部门的人去做,或者根本不需要做。

以时薪为基准来考虑工作中"支出与效果"的关系,你就能很容易明白这个工作委托是否有益。

07 规定不用做的事情：察觉无用规矩的3种方法

> 在考虑工作中"支出与效果"的关系时，为了提高工作效率，除了可以"用钱购买时间"外，还有一个办法可以显著提高工作效率，那就是"规定不用做的事情"。

如何取得最好的效益

在前面，我提出了通过考虑"支出与效果"的关系来提高工作效率的方法，其实还有一个能实现最佳的"支出与效果"关系的方法。

这个方法就是"不做"。"规定不用做的事情"是终极的高效工作方法。

我曾经跳槽到一家建筑公司工作。那个公司的职员用会计软件制作出"成本计算报告书"后,又特地用 Excel 重新做了一遍,然后,再用彩色打印机打印出来,送给公司的董事们传阅。

我觉得这样做完全是多此一举。半年后,轮到我来负责这项工作,我就直接拿着会计软件导出来的报告书送给公司的董事们看。一个月过去了,两个月过去了,三个月过去了,没有任何一个董事抱怨我这样做不好。

很久之后,经过打听,我才知道,最初负责这项工作的那个员工因为太闲了,想出了用彩色打印机打印"成本计算报告书"的做法,后面接手这项工作的人也没多想,直接沿袭了这个做法。于是,公司才有了那个"毫无意义的规矩"。

类似的事情不仅存在于企业,在国家政府机关的工作中,也常常存在这种"没有任何意义的事情"。

例如,一直到 2015 年,日本用了 70 年的时间才取消了学生体检中的一个毫无意义的检查项目。大家知道是什么项目吗?

答案是测量学生的"坐高"(即学生坐在凳子上的高度——译者注)。这个检查项目一直持续了 70 年,在这 70 年期间,居然都没有人质疑过为什么要测"坐高"。

聪明地发现"不用做的事情"

现代管理学之父彼得·德鲁克(Peter Ferdinand Drucker)说过:"放弃不必要的工作,能够提高生产率。"苹果公司创始人乔布斯、Facebook 创始人兼首席执行官扎克伯格等人拥有很多套一模一样的衣服，目的就是为了节省每天挑选衣服的时间。

不过，没有人在开始某个行动时会觉得这个行动是徒劳的。

正是因为不觉得是徒劳的，所以才会继续做。

那么，我们如何才能察觉并避免无效行为呢？

给大家介绍以下 3 种方法。

1. 倾听跳槽入职员工的心声

通过跳槽入职的新员工虽然是公司职员，却不太受公司条条框框的束缚。正如前文提到的，我就是一个很好的例子。跳槽入职的新员工由于有以前公司的工作经历，一般能够清楚地看到新入职公司的优点和缺点。不过由于初来乍到，他们一般不会主动指出问题或提出建议，以免引起公司同事的反感。

如果你想发现公司需要改进的地方，可以问问这些跳槽入职的新员工，请他们说说现在的公司与之前公司的区别等。

2. 倾听应届毕业生员工的心声

应届毕业生员工也不会被公司的条条框框所束缚，他们会发现一些老员工已经习以为常的无用工作习惯。所以，在听应届毕业生员工吐槽时，虽然有时你会觉得他们有点"没常识""异想天开"，但不要急于否定对方，安静、耐心地听完，这样你就会发现一些平时很难发现的问题。

3. 参照第三方的见解

第三方的见解是指通过商业书籍、研讨会、跨行业交流会等获得的意见和建议。

那些介绍时间管理技巧、交流技巧、领导理论等的书籍,是解决公司问题的最好参照。

直接请教身为各领域专家的研讨会讲师,可以加深你对某些问题的理解。如果有疑惑,你还可以当场提问专家。

参加跨行业交流会,可以帮助你与其他公司互相交换信息,了解其他公司是如何管理时间效率、如何减少加班的。

在本章,我向大家介绍了工作不拖延的人工作的"7条原则"。这7条原则是工作不拖延的人共通、共享的基本思维方式和心态。

在接下来的第2章,我将介绍提高日常工作效率、加快个人工作任务完成速度的秘诀。

寻找"不需要做的工作任务",是最明智的时间管理技巧。如果能找到1小时的"不需要做的工作任务",你就能多出1小时的空闲时间。

CHAPTER TWO

第 2 章

告别工作拖延的最快工作方法

拖延症自救指南：
告别低效人生的7个实用方法

01 不要一大早就去做重要的工作：用最快的起步速度去冲刺的诀窍

在本章，我将介绍加快"日常工作和个人任务"处理速度的诀窍。

提高日常工作和个人任务完成速度的诀窍是，在清晨将自己的精神状态切换到"工作状态"。

你有"工作状态"的切换开关吗？

工作不拖延的人，大脑状态的切换也很快

我每次开始工作前，先会做一件事，就是将自己的精神状态切换成"工作状态"。

人气漫画《工作狂》（安野梦洋子，讲谈社）曾被翻拍成电视剧。在剧中，由菅野美穗饰演的主人公松方弘子年方 28 岁，

是一名在出版社工作的杂志编辑。松方弘子一旦进入"工作状态",就会把兴趣爱好、约会、吃饭、睡觉全都抛到脑后,全身心地投入到工作中。因为我觉得她进入"工作状态"时的表现非常有趣,所以每次都会准时收看这个电视剧。

虽然我很欣赏《工作狂》这部电视剧中主人公工作时的那种"工作状态",但我当时在工作中却毫无切换"工作状态"的意识。

现在的人可能难以相信,那时我们公司里都没有专门的吸烟室,大家可以在办公室里随便抽烟。我上班后,一般先是边抽烟边跟喜欢闲聊的女员工们聊一会儿天。大家一番玩笑后,我才开始工作。

显然,我的这种做法根本就不能让我的精神状态切换成"工作状态"。我那时候在公司里也的确是工作拖延症的员工代表。

然而,工作不拖延的人却无一例外地都能迅速将自己的精神状态切换成"工作状态"。

因此,若想要提高工作效率,请你务必制作一个进入"工作状态"的切换开关。

我的切换开关是将室外眼镜更换成室内眼镜。

得益于此,我此后工作时再也不拖拖拉拉了。

戴上点钞指套、喝完咖啡、伸完懒腰等,任何动作或时间节点都可以作为自己"工作状态"的切换开关。为了提高工作效率,请一定要制作自己的"工作状态"切换开关。

不要一大早就去做优先级别高的工作

需要注意的是,开启"工作状态"后,"切忌做优先级别高的工作"。

我经常看到一些商业书籍建议人们工作时"从优先级别高的工作开始做起":在注意力集中的上午,把优先级别高的工作做完;在注意力涣散的下午,做简单的工作。实际上,我也曾是这样做的,而且还建议下属也这样做。

但是后来我发现,绝不能一大早就开始做"优先级别高的工作"。

优先级别高的工作常常也是难度较大的工作,即使自己鼓足干劲去做,也可能因为工作本身很困难或很麻烦而遭遇失败,陷入僵局。如果一大早就出师不利,那后面的工作就会受到影响,这样就容易打乱一天的工作节奏。

有段时间,为了准备资格证考试,我每天都提早起床学习。由于刚从温暖的被窝里爬出来,头脑还不太灵活,遇到难题,根本就做不出来。本来好不容易下定决心早起学习,却因为做不出题而心灰意冷,只好又钻回被窝去睡觉,一直睡到必须去上班为止。

后来,我吸取教训,将清晨的学习任务从做难题改成了"复习10页单词""看目录""复习昨天的内容"等不会给大脑造成负担的任务。到后来，我每天早上先看3页错题本，然后做真题试卷或综合试卷等。由于保持了正常的学习节奏，学习效率得到了极大的提高。

工作也是一样，你不妨先热热身，从简单的事务开始一天的工作。

现在，我每天到了公司后，会先按顺序完成"在手账上记录昨天的工作情况""查看手账，确认今天的日程安排""查看公司投资股票的股价""给乡下的母亲发短信"，然后才开始做优先级别高的工作。实际上，我完成每天的四项例行公事只需要5分钟，但工作效率却会大大提高。

要点

开启"工作状态"，缓慢踩下工作的油门。

02 快速整理思维的笔记法:让所有工作任务可视化的管理方法

提高日常工作和个人任务完成速度的诀窍是使用"任务笔记本"。

只需要下一点功夫,工作效率就会发生戏剧性的变化。

用一个"任务笔记本"来提高"安心感"

我在开始工作前,一定会先确认好当天的工作日程安排。

在查看手账时,我还会打开"任务笔记本"。

关于做笔记的技巧,我在拙著《零加班的笔记技巧》(KIZUNA 出版)中进行了详细描述。在提高工作效率上,"任务笔记本"是最有力的工作伙伴。

提高工作效率的笔记法是,"用一个笔记本记录所有的工作任务",把当日需要完成的工作任务全都写在"任务笔记本"上。

你是否有过这样的经历：在手机的记事本里记录坐电车时想到的工作任务；电脑屏幕两边贴着的便签上写有别人委托自己做的工作；办公桌上摆着今天必须打电话沟通的人的名片；脑海里想着最重要的任务——早上家人拜托自己"下班后去超市买菜做晚饭"。

怎么样？是不是光想想这些事情就觉得头昏脑涨？

如果需要做的事情杂乱无章，那就无法集中精力完成眼前的工作。

需要说明的是，我并不是说做笔记本身不好。把想要做的事情马上用笔记录下来是没有问题的。

关键是要把所有的信息整理成一目了然的有序状态。

此时，你就需要将待做的事情誊抄到一个笔记本上。

"任务笔记本"最大的优点是，能提高人在工作时的"安心感和成就感"。

将需要做的工作任务全都写在"任务笔记本"上。只要做完了"任务笔记本"上所写的工作任务，今天需要完成的工作任务就全部完成了。对于在职场工作的人来说，这种安心感是非常重要的。

当我们走在漆黑的隧道里，看不清前方时，我们会心生不安。但是，如果能看到从隧道出口处射进来的光线，我们就能安心地继续走下去。

记不清今天到底需要做哪些工作，就像在漆黑的隧道里彷徨一样，总觉得有很多工作要做。"这也要做、那也要做，不知道什么时候才能做完"，我们在工作中便会变得惴惴不安。

反之，如果能将"今天要做的事情"全都一目了然地写到一个笔记本上，那么我们就能心平气和地工作。

只要能确信自己不会"遗漏"任何工作任务，我们就能获得巨大的安心感。

应该让工作和生活都"可视化"

在使用"任务笔记本"时，有一点需要注意，那就是不仅要写下工作任务，还要写下私人生活任务。

诸如"去便利店交水电费""回家前寄明信片"等，都要写到"任务笔记本"上。

把所有的任务都写到"任务笔记本"上，能够让我们不用担心遗漏事情，从而安心专注于眼前的工作。

无论是在开始工作的早上，还是在结束工作的晚上，只要想到了需要做的事情，就可以将它们写到"任务笔记本"上。

建议大家将领导安排的工作任务、需要安排下属去做的工作任务，都事无巨细地逐一写到"任务笔记本"上。然后，用红笔画圈标记已经完成的任务。

当你看到"任务笔记本"上的红圈不断增加时，心中会产生一种完成工作的成就感，如此一来，工作时的心情也会变得轻松愉快起来。

"任务笔记本"与"碎冰锥工作法"的完美搭配

在第1章，我提到工作不拖延的人的一大工作原则是采用"碎冰锥工作法"。如果我们能像敲碎大冰块一样，细分"讨厌棘手麻烦"的工作，就能很快完成工作任务。

在"任务笔记本"上逐一写下要做的事情，可与"碎冰锥工作法"进行完美的搭配。

也就是说，我们要尽可能地细分"讨厌棘手麻烦"的工作，再将细分完后的工作任务全部写到"任务笔记本"上。

以结算工作为例。

结算

（1）复印去年的结算表。

（2）检查现金。

（3）去银行打印余额证明。

（4）检查应收票据。

（5）检查应付票据。

如果像上面这样写的话，即使尚未完成全部的"结算"任务，每完成一个小项目后，在该项前面画上红圈，我们的心情也会变得很好。

这种好心情会转化成工作的成就感，进一步提高工作效率。

如果当天没能完成"任务笔记本"上所写的所有工作任务，就要把剩下的工作任务重新写到翌日的"任务笔记本"上，并且用蓝色的笔画圈标注，做到可以一目了然地知道哪些是前一日没完成的"遗留任务"，这样有助于激励自己完成所有的工作任务。

如上所述，通过画红圈标记已经完成的工作任务，我们可以获得工作上的成就感，形成良好的工作节奏，从而进一步提高工作效率。

"任务笔记本"上的工作任务不断减少所带来的快感，有助于提高工作效率。

03 "任务笔记本"的超实用方法：让"任务笔记本"效果翻倍的技巧

在上一节，我建议大家把每天要做的事情全部写在一个"任务笔记本"上。关于这个提高日常工作效率的秘诀，我还要补充一点内容。

"任务笔记本"会让人自然产生行动力

为什么仅仅是在大脑里想会难以采取行动，但写到"任务笔记本"上，就会产生行动力呢？

这种现象是有科学依据的。

在心理学上，有一种叫作"预言的自我实现"的现象。

心理学认为，人会产生"想完成预言"的冲动。

写在纸上的事情会变成一种"预言"，这个"预言"会刺激大脑想要"完成写下的事情"。

工作不拖延的人会马上付诸行动，完成应该完成的事情。相反，做事拖延的人则会长时间地停留在思考"那个也要做，这个也要做"的阶段，从而导致工作效率低下。

将要做的事情写在"任务笔记本"上，是付诸行动的第一步。

也就是说，我们首先要将自己头脑中对工作任务的思考用文字表达出来，写进"任务笔记本"中。

根据"预言的自我实现"的原理，写进"任务笔记本"中的各种工作任务，一定会催生人的行动力。

切忌不顾一切地去处理工作任务

这里需要提醒大家注意一点。

人们习惯于按照先后顺序完成"任务笔记本"上所写下的所有工作任务。但是，人们只是单纯地按照接到任务的时间顺序记录工作任务，并没有考虑任务的轻重缓急。如果不经意间把优先级别高的任务写在了后面，那就很容易导致工作任务完成时间的延后。为了避免出现这种情况，我们先要整体浏览一遍"任务笔记本"上写下的所有工作任务，排好先后顺序后再开始工作。

比如，可以按照优先顺序，给每项任务标上序号，做到一目了然。

"任务笔记本"上工作任务的排序秘诀

只有将工作任务全部写在"任务笔记本"上，才能够把握工作全局。

在将工作任务全都写下来后，思考以下问题：

- 优先级别高的工作是哪项？
- 必须自己做的工作是哪项？
- 可以委托给别人去做的工作是哪项？
- 今天必须完成的工作是哪项？
- 可以延后到明天做的工作是哪项？
- 其实不用做的工作是哪项？

如果从以上这些角度出发，整理、分类所有的工作任务，并排好先后顺序，工作效率会惊人地提高。

"任务笔记本"让决策速度变快

有了"任务笔记本"，做决断的速度也会变快。

比如，我们明明自己已经手忙脚乱了，却又被安排了新的工作任务。如果我们平时用"任务笔记本"且习惯思考工作的优先顺序，那就自然会思考这项工作任务"可以委托给别人去做吗"

"必须要今天完成吗,可以延缓推后吗""是否必须要自己亲自来做"等,然后再做出决策。

借助"任务笔记本",我们可以准确地把控全部工作量,以便在遇到突发情况时,能够更快地做出准确的判断,从而提高工作效率。

"任务笔记本"还可以很好地帮助我们去判断,一项工作必须是由自己亲自去做还是可以委托给别人去做。

"任务笔记本"不仅可以激发我们的"预言的自我实现"心理,还能帮助我们确定"可以不做的事情"。

04 用"15分钟"切分所有的工作；无须勉强就能继续工作的"超级集中精力法"

> 在提高工作效率的众多方法中，有一个方法叫作"番茄时间管理法"。在此，我将介绍一个让"番茄时间管理法"效果翻倍的秘诀。

最高效的时间管理法——"番茄时间管理法"

近年来，有一个名为"番茄时间管理法"的时间管理技巧，在全球范围内爆炸式地普及开来。

具体做法很简单，即"持续工作25分钟后，休息5分钟"。仅仅是如此循环反复，就能保证人们持续集中精力工作。

除了工作外，"番茄时间管理法"也适合学习、读书、打扫等所有需要完成的任务。

比如，假设有 8 个小时，如果采用"番茄时间管理法"的话，理论上就可以完成 16 个任务（实际上，每完成 4 个周期，就需要休息 30 分钟，所以最好安排 12~13 个任务）。

"番茄时间管理法"的创立者是意大利实业家、作家弗朗西斯科·西里洛（Francesco Cirillo）。西里洛本来是一名软件工程师，因为总是被人追着完成任务，所以他就想到了借助厨房计时器来辅助工作。

顺便说一下，之所以这个方法叫"番茄时间管理法"，是因为西里洛最初用的厨房计时器的形状很像番茄，而番茄在意大利语中叫"pomodoro"。

我在知道"番茄时间管理法"之后，马上就将之付诸实践。

从实践结果来说，其效果非常喜人。

我设定的目标是完成 12 个任务，设定的每项任务完成时间为 25 分钟。

在闹钟响之前，我集中精力工作。闹钟响了之后，我就用红笔画圈标记完成的任务，然后休息 5 分钟，深呼吸、闭目养神、喝咖啡。

这 5 分钟的休息时间不长不短，正好适合我重新振作起来，集中精力开始下一项工作。

我一个人在会计事务所制作表格和文书、在家里写书稿、备课等，都是按照每工作 25 分钟就休息 5 分钟的节奏逐一完成的。

一天结束后，我的确会觉得精疲力竭，但这说明自己这一天认真投入工作了。

在办公室实践"番茄时间管理法"的诀窍

强烈推荐大家在工作中试试"番茄时间管理法"。该方法可以促使我们精力集中，提高工作效率。

不过，我还要补充一点。

只有在独自一人工作时，"番茄时间管理法"才会起效。

周一至周五，我是建筑公司的总务会计师。虽然我在工作中也尝试了"番茄时间管理法"，但我发现，其效果没有自己一个人独自工作时那么好，所以我后来再也没在公司使用过这个方法。

原因很简单。因为在日本的企业里，一个人是很难做到集中精力工作25分钟后自作主张休息5分钟的。

比如，你自己决定"现在开始集中精力工作25分钟"，但是突然接到电话，或者有领导、下属找你，这样一来"番茄时间管理法"的节奏就很容易被中途打断。

还有，你在一天当中多次休息5分钟的话，可能会有同事担心你不舒服；如果对方是领导，说不定还会指责你在偷懒。一个人独自工作时，休息5分钟是最佳的时长，但是在公司的话，5分钟就显得有点长了。

在美国，办公室都被隔成了格子间，所以公司员工可以使用

"番茄时间管理法";但是在日本,办公室没有被隔成格子间,频繁休息5分钟,会引起同事或领导的注意,所以公司员工很难使用"番茄时间管理法"。

"番茄时间管理法"的日本版 ——"15 分钟工作法"

鉴于日本职场的具体情况,我根据"番茄时间管理法"的精髓,将其改良成适合日本职场的方式。

我尝试了各种时间切分方式,最后得出的结论是,"14 分钟工作 + 1 分钟休息"。

"15 分钟工作法"是在日本职场使用"番茄时间管理法"的诀窍。

虽说以 15 分钟来切分工作任务,但并不严格要求一定要在 15 分钟内完成工作任务。

只要心里有在 15 分钟内完成工作任务的强烈意愿,即使多出几分钟也没关系。

多出来的时间可以用来完成比较零碎的工作任务,比如确认邮件、与下属沟通交流、检查"任务笔记本"上工作任务的完成进度等。

这种工作时间管理方式,就像是先往"15 分钟"的箱子里放入一个大石头(工作任务),然后在石头周围撒满细沙(1~2 分钟的杂务),直到让细沙填满整个箱子。

另外,每工作1小时后,休息1~2分钟,闭目养神,养精蓄锐。

由于总是在电脑上处理工作,眼睛容易疲劳。仅仅休息1~2分钟,就能够让人重新振作起来,精神饱满地全身心投入到下一项工作中去。

相较于一天多次休息5分钟,"15分钟工作法"更适合日本企业的工作方式。

有意识地以15分钟为节点来安排工作,在那15分钟内集中精力工作,工作效率会有惊人的提高。

在日本职场,最适合采用"14分钟工作+1分钟休息"的时间管理方法。

05 绝对不要使用便签：意想不到的工作任务管理遗漏点

> 管理工作任务的必需品是便签。
> 但是，仅仅是把工作任务写到便签上贴起来是不行的。
> 接下来，我将解释其背后出人意料的原因。

不能用便签管理任务的"4 个理由"

有人通过在电脑屏幕的两边贴上各种写有"必做事项"的便签来进行工作任务管理。这些人认为："贴便签可以让自己随时看到要做的事情，把已完成的便签丢到垃圾桶里还会带来快感！"

我曾经也是"便签派"，完全能感同身受。但是，在此，我还是要说："不能仅靠便签来管理工作任务！"

这背后的理由有很多。第一个理由是"无法集中注意力去处理眼前的工作"。

为了集中注意力去处理眼前的工作，我们需要保证自己的视线不会瞟到其他的东西。

如果电脑屏幕两边贴满了写着工作任务的便签，我们会忍不住地去看，从而导致没法集中精力工作。

第二个理由是"习以为常"。

如果总是在同一个地方贴便签，不知不觉中，看便签就会变成像看日历一样，大脑会逐渐地习惯电脑屏幕边框贴着便签的状态。

如此一来，便签会逐渐变成背景，"必须做"的焦虑感就消失了。也就是说，虽然看到了，但大脑却不再能识别出这项工作"还没做"。在不知不觉中，我们甚至都忘记了便签的存在。最后，在年末大扫除时，背胶失效的便签像干花一样飘落到桌子下面，落在地板上，销声匿迹。

我前面在解释用"任务笔记本"来管理工作任务时说过，相较于便签，使用笔记本更好。

每次在"任务笔记本"上写下当天需要完成的工作任务，对我们都会形成一次刺激，我们就不会对此习以为常，不会对笔记本熟视无睹。不仅如此，我们还会对没有做完的事情产生"负罪感"。

在"任务笔记本"上，我们可以用蓝笔画圈标记今天没有完成的工作任务，然后把它们誊抄到第二天的工作任务清单里。比如，如果今天没有完成"撰写年度营业总结报告书"的任务，那就在第二天的工作任务清单里也写上"撰写年度营业总结报告书"。

如果连续几天都没有完成某项工作任务，必须反复誊抄该项工作任务的话，接下来会发生什么事情呢？

我们一定是想要尽快完成该项任务的。"我真的不想再抄写这个任务了。"

与贴在电脑屏幕边框上的便签不一样，人脑不会对写在"任务笔记本"上的工作任务习以为常、熟视无睹。反复的誊写会让我们产生深深的负罪感而自责，为消除这种负罪感带来的不适，我们就会想办法尽快处理解决。可是，贴在屏幕边框上的便签是不会让我们产生这种负罪感的。

第三个理由是，使用便签管理工作任务"不会留下任何记录"。

有时候我们想知道"去年这个时候干了什么"，可惜写了工作任务的便签已经被扔掉了，只能到记忆中去寻找了。

但是，如果我们将任务写在了"任务笔记本"上，就会留下珍贵的记录。"去年×月×日，我是从这项任务开始工作的，并按照这个顺序完成了工作。""为了准备××，我原来花了×天啊！那我今年要提前几天开始准备××。"

每次做以前做过的工作，我都会翻看以前的"任务笔记本"。一边确认自己是否有什么遗漏，一边推进工作。

如此一来，"任务笔记本"既可以是工作日志，又可以变成备忘录。

第四个理由是,"如果使用便签管理工作任务,那么我们难以确认完成工作任务的截止时间"。

正如我之前说过的,提高工作效率的方法是"规定截止时间"。由于便签太小,不足以写上截止时间。即使勉强写上了,也往往难以辨认。

如果你是便签派,不妨也试试"任务笔记本"。它可以让你全方位地把握所有的工作任务及完成工作任务的截止时间。如果你在完成某项任务时有所拖延的话,会让你产生深深的负罪感而自责,这样就能促使你提高工作效率。

使用便签管理工作任务,弊大于利。

06 优先完成"自己的计划":让生活丰富多彩的日程管理诀窍

一般而言,工作不拖延的人在工作以外的时间里也过得很充实。接下来,我将介绍工作不拖延的人管理日程安排的诀窍。

工作不拖延的人的私人生活也很充实的原因

社会上有一些被称作超一流的强者,他们虽然担负着繁重的工作任务,但私人生活却依旧过得丰富多彩。他们经常去健身房健身、慢跑、与其他行业的人进行互动交流等。繁忙紧凑的日程安排让人不禁感叹:"难道他们是铁人三项运动员吗?!"

但是,他们看上去却从容不迫、悠然自得。

为什么这些工作不拖延的超一流强者能够在担负繁重工作的同时,还能做到私人生活也充实丰富呢?

答案其实非常简单：因为他们把私事也写进了日程安排。

也许有人会说："毕竟是一流的成功人士，所以他们能够掌控自己的时间。普通的白领不可能优先安排自己的私事。"

然而事实并非如此。我在一边工作一边备考注册税务师资格考试时发现，普通的白领其实也可以做到优先安排自己的私事。

第一年，我每周在不加班的周三晚上去培训学校上课。

但是，第二年，上课时间被安排在了周二和周五的晚上。

培训学校每一次课的内容都非常充实，缺一次课就会跟不上进度。而且，由于注册税务师资格考试的合格率仅有10%左右，我若想顺利通过考试，就必须全力以赴地备考。

当时我35岁，刚刚升职到管理岗，每天的工作都很忙。但我暗暗下决心："这是我跟自己的约定。"无论工作多么繁忙，我都会把周二和周五的晚上空出来，一次不落地去培训学校上课。只要不是亲友的红白喜事，其他聚会我都会婉拒，包括有些本来想参加的聚会。

虽然日程紧凑，但我还是咬牙坚持了下来，因为我想完成与自己的约定。

工作不拖延的人会优先安排"与自己的约定"，将其加入到自己的工作日程安排中。为了不耽误私事，他们会集中精力先完成工作，其结果就是，工作效率不断提高。

诀窍是"广而告之"

虽然我说要优先安排私事，但如果遇到领导召见或同事聚会，我也很难坚持自己的想法。那么，想优先自己的安排时，我们应该怎么做呢？

我的诀窍是"广而告之"。

比如，"我正在为了××学习语言""我为了准备资格考试，正在参加××的培训"。

哪怕没有非常正式的理由，也没关系。

我们可以说："我今天要跟家人一起吃饭，不能加班了。""我好不容易买到了××的票，今天就不加班了。"

如果你一大早就已明确告知了别人自己的日程安排，那么无论是领导还是同事，一般都会觉得"不拉他闲聊了，让他集中精力工作""这个工作不着急，明天再说吧"。

但是，如果你明明说了下班后的安排，可是公司就是不愿意批准，那么你完全可以考虑辞职了。因为这种公司根本就不珍惜员工。假设你为了准备资格证考试而拒绝加班，这种公司会怀疑"你想另起炉灶或打算跳槽"，于是千方百计地阻挠你学习。

像这样的公司，他们只是把员工当作用完就扔的工具而已。所以，为了自己的未来，你最好尽早辞职，另谋出路。

私人邀请也很重要

希望大家不要误解我的意思。我并不是说如果想要私人时间过得有意义，那就不能去参加公司聚会、保龄球比赛等，这些邀请都是浪费时间。

其实,聚会也绝非都是在浪费时间。

我们可以通过聚会扩展人脉、促进交流。从人际关系的角度来看,参加聚会是很有意义的。

而且,在你敢跟别人说"今天有事要按时下班"的背后,也需要有与周围人建立起友好人际关系的支撑。参加聚会等可以帮助你建立良好的人际关系。

但是有些人胆子小,不敢拒绝聚会。

如果仅仅是结束工作后大家小聚喝一杯,或者是在工作间隙大家一起休息闲聊,那么另当别论;但是,如果你有其他重要事情要做,就请勇敢地拒绝。

想要拥有这份拒绝的勇气,需要的是"梦想":

我将来想变成什么样子?

我欲走向何方?

拥有无论如何也要实现的梦想,并为此做好计划,同时告知周围的人,就可以在自己的日程安排里写下"与自己的约定"了。

要点　终极目标是让自己的私人时间变得充实、有意义。

07 桌面上只能有一项工作：
工作不拖延的人的整理收纳法

"将当天工作所需要的物品全部摆在桌面上"的做法，看上去似乎很高效，但实际上这是拖延症患者共通的问题。

保持桌面整洁的理由

我在办公室工作时，桌面上只放正在做的工作所需要的资料和电话，绝对不会把其他工作需要的资料全都摆在桌面上。

桌面上不仅没有笔筒，连文具也不会摆。文件夹放在小推车上，推到桌子后方，避免进入视线。

我常常问自己："这个需要放在桌面上吗？"

总之，尽可能地不在桌面上摆东西。

为什么我要如此执着于桌面的整洁呢？

因为我想尽可能地集中注意力做眼前的工作。

事实上，工作不拖延的人的桌面往往是非常整洁的。

而做事拖延的人则常常说："把东西全摆在桌面上的话，就可以省去在抽屉里找东西的时间。"这完全是胡说八道。

越是这种人，越会经常在堆积如山的文件堆里翻找东西，"诶，那个文件到哪去了"，然而却迟迟找不到需要的东西。你是否也有过类似的经历呢？

如果你不想变成这种人，就请务必保持"桌面上只有正在做的工作所需的物品"，从而确保自己能够以最快的速度完成工作。

整理有助于工作状态的切换

桌面整洁可以提高工作效率的一个理由是，"帮助形成工作节奏"。

以前，我曾替朋友担任过一段时间的外语培训学校的讲师。

在每次上课时，培训学校的全体学生都会集体起立，一起喊"老师好"。不仅如此，每次课间休息结束后，全体学生也会集体起立，一起喊"老师好"。

也许你会觉得："只需要在上课和下课时打招呼问候就行了吧？每次课间休息时也这么做的话，有点浪费时间。"

我刚开始也是这么想的，但不久就发现，这是一个好办法。

课间休息时，学生们会放松下来，闲聊或玩手机。课间休息结束后，还是会有人在手机上聊天或看网络新闻。

但是，当齐声说完"老师好"后，整个教室里的气氛就会为之一变，大家都开始认真听讲了。

从这件事中我明白了，学生们起立齐喊"老师好"是一个时间节点，它提醒学生，休息时间结束了，要集中精力听讲了。

我觉得这是一个好习惯。后来，我在自己执教的大学里也引入了这种课间休息结束后学生起立致敬老师的做法。

由于上课前要起立致敬老师，课间睡觉的学生会因为起立而马上清醒过来，这样就明确地将课间休息与上课时间区分开来。作为老师，我也切身地感受到了整个教室氛围的改变，立马变得严肃起来。

工作也是如此。

每完成一项工作任务就整理一次桌面。整理就像课前致敬老师一样，可以让我们的心情焕然一新，从而开始下面的工作。

即便是在按照"15分钟工作法"工作时，我也会在每次工作任务结束后收拾一次桌面。不仅是收拾资料、文件，也会将笔放回原来的地方，为的就是以全新的状态开始下一项工作任务。

这样做看上去好像是在浪费时间，似乎会降低工作效率，但实际上，这个"区分"能让人迅速进入状态，形成良好的工作节奏，从而促使效率提升。

"桌面上没有任何多余的东西"，可以使人最大限度地集中注意力进行工作。

CHAPTER THREE

第 3 章

不要包揽所有的工作
——"沟通"的秘诀

拖延症自救指南：
告别低效人生的7个实用方法

01 工作不拖延的人用"数字"进行交流:不用返工的沟通方法

> 本章的主题是"沟通"。
> 沟通失误会浪费时间。
> 我将首先介绍避免返工的"语言表达技巧"。

为什么不能回答"马上就好了"

工作不拖延的人,与人沟通的效率也很高。

他们掌握了不会造成返工的"语言表达技巧"。

怎样与人说话才不会造成语言上的误解呢?

最简单的方法是"用'数字'进行交流"。

比如,领导问:"上午让你做的资料,做好了吗?"工作不拖延的人会用具体的数字进行回复:"还有10分钟就做好了。"

这样的回复可以让领导准确地把握工作的进度,他会说"好的,那10分钟以后交给我",认为工作会顺利结束。

然而,工作拖延的人往往会这样回答领导:"马上就好了。"

听到这样的回复后,领导很可能会再次确认:"马上是多久?"由于回答细节上的差异,领导需要反复确认,员工需要多次回答。

如果能够立刻当面确认尚且还好,若是换成了邮件沟通,反复确认一些细节,就会耗费大量的时间。而且,人的精神压力也会变大,人就越来越无法集中精力工作了。

模糊不清的回复还可能导致犯下大错或造成浪费。

还是上面的例子。听到下属说"马上就好了",如果领导只说"知道了,那就拜托了",便离开了。此后,领导忙于工作,忘记了资料的事情。一个小时过去后,领导突然想起,起身去看下属的工作进展,却发现资料还没准备好。

领导问:"怎么回事?这项工作不需要花费这么多时间吧?"

经细问后才知道为什么花费了这么多时间。领导需要的资料是"某领域某特定商品过去两年的销售额",但下属却在忙着整理该领域所有商品过去两年的销售额。

领导无语地说:"我没说要所有商品的数据啊!"下属也很沮丧:"我刚才做的都是无用功啊!"

显然,这个工作差错的产生完全是由双方沟通时语言表达不准确造成的。如果下属在领导询问工作进度时回复"大概还需要1个小时",那么,领导会意识到下属的工作可能存在某些问题,就会再次进行沟通来确认,这样一来,下属也就不会浪费时间做那些无用功了。

用数字进行交流,可以预防工作失误

我也曾经犯过类似的错误。快 30 岁时,我曾担任过建筑公司"安全大会"的会务人员。

所谓"安全大会",就是召集建筑工地的工人们与合作施工方齐聚一堂,学习安全知识,提高安全意识,避免发生安全事故。

大会当天,我负责准备会务人员的午餐。因为是下午 1 点钟开会,所以我安排快餐店在 12 点钟将盒饭送到会场。

但是,到了 12 点钟,盒饭却没送到。过了 10 分钟、15 分钟,还是没有送到。

我焦急万分,给送盒饭的快餐店打电话,却听到了一个让人惊讶的消息。

快餐店竟然以为是要他们下午 1 点钟送盒饭。

原来这一切都是源于一个小小的语言误会。因为我告诉快餐店"正午送餐过来",所以我理所应当地认为盒饭会在 12 点钟(正午)送到。但是,快餐店认为"正午"应该是下午 1 点钟,所以按照下午 1 点钟送达来准备盒饭。

最后，大会的所有会务人员都没吃上午饭。对于这个教训，我现在仍然记忆犹新。

请记住，语言沟通会因为细微的理解差异而造成误解。

因此，在与人沟通时，我们应尽量使用"数字"来准确传递信息，这也是提高工作效率的一个诀窍。

要点

尽量用"数字"来传递信息，能有效防止出现沟通失误！

02 7类工作拖延症患者：只要查明原因，就能找到应对方法

> 工作团队中只要有一个工作拖延症患者存在，那么整体的工作效率就会降低。
> 工作拖延症患者的"病因"大致分为7类。
> 如果知道了"病因"，就能对症下"药"。

迅速完成被委派工作的沟通方法

如果共事的同事工作效率低，那自己的工作节奏也会被打乱。

工作不拖延的人需要掌握应对工作拖延症患者的方法。工作不拖延的人一定要找到工作拖延者"拖延的原因"，以便针对不同的原因采取有针对性的措施。

拖延症大概由7种"病因"造成：

（1）奉行完美主义。
（2）不清楚整体情况。
（3）不会排列工作的先后顺序。
（4）没有准确理解工作指令。
（5）不熟悉工作业务。
（6）没有工作自信。
（7）不会整理。

我将在本章分析这七种"症状"的成因及应对的方法。

1. 奉行完美主义

为了保证工作的顺利进行，我们需要"汇报、联络、商谈"。为此，我们可以要求那些因为奉行完美主义而导致工作拖延的人按照"汇报、联络、商谈"的顺序与人保持沟通。

完美主义者会从一开始就追求事事完美，所以工作效率就会变低。哪怕只是制作公司内部传阅的文件，他们也会为了追求完美而忽视效率。

因此，我们需要事先告知完美主义者，"该项工作的完美度只需做到60分就行"，然后，让对方在工作进行到一半的时候联系自己，做一次工作进度汇报。

有时候，即使完美主义者自己觉得工作只做到了60分，但实际上已经达到提交要求了，工作只要达到那个水平就可以结束了。哪怕还有不足，后期弥补也不迟。

如此反复，完美主义者的工作效率就会逐渐提高。

2. 不清楚整体情况

不清楚接到的工作任务的整体情况，就像走在漆黑的隧道里一样，人会感到不安，也不知道工作的着力点在哪里。虽然有的人在接到工作任务后可以迅速开展工作，但是也有人因为看不到工作任务的整体情况，而不知从何处着手开始工作。

为此，在给这一类人安排工作时，我们一定要详细说明工作的整体情况和进度要求，并与对方一起细化工作任务，做出计划安排，这样，对方就不会感到不安了。

3. 不会排列工作的先后顺序

不会根据工作任务的轻重缓急进行先后排序的人容易先做简单轻松的工作，拖延重要的工作。

对于这一类人，我建议先写下所有"需要做的工作任务"，然后，与对方一起商讨并完成工作任务的先后顺序排列。

如此一来，对方会逐渐掌握工作任务先后顺序的排列方法，工作效率就会提高。

4. 没有准确理解工作指令

虽然有个成语叫"闻一知十"，但却不能如此要求别人。

即使双方已经比较熟悉，但听话者完全理解说话者的意思还是非常困难的。如果说话者的说明不够充分，有时就会出现误解，或者该做的事情没做，反倒做了一些不用做的事情。

但是，即使没有听懂，一般大家也不敢轻易去问前辈或领导自己不明白的地方。

所以，在说完话后，请一定要问一下对方："有什么不明白的地方吗？"只要问这么一句，就能防止遗漏、误解的发生，而听话者也能及时地提出问题，确保自己没有理解错误。请牢记："即使你认为已经表达了100%的信息，但别人通常只能理解其中30%的内容。"

5. 不熟悉工作业务

有时候被你委派工作的同事可能还不熟悉这份工作。特别是新员工，几乎对所有的工作都不熟悉。

对于不熟悉工作业务的人，我们一定要安排时间让他们学习业务。

如果是会计事务，就学习簿记；如果是电脑操作，就练习盲打。哪怕每天只学习15分钟，也请单独安排时间，让学习者可以放下工作，在没有压力的状态下进行学习或练习。通过学习或练习，学习者会迅速熟悉工作业务，成为值得信赖的工作伙伴。

6. 没有工作自信

那些对工作没有自信的人，如果不时刻确认"这样做可以吗",就不敢往前走。这么一来,工作效率就会降低。

拥有自信的最佳办法是"积累成功经验"。

让没有自信的下属单独制作会议资料并进行展示,或者让其从零开始,完整地体验商品开发的整个过程,可以帮其积累成功经验。

自信只能从成功的体验中产生。对于没有工作自信的人,应对的诀窍是,委派他们做那些只需要稍微努力就能完成的工作。

7. 不会整理

不会整理的人常常耗费大量的时间找东西。每次找东西,注意力就会被打断,没法形成良好的工作节奏。如果身边有这样的人,不妨与之共享整理技巧。就像前文介绍的一样,我们可以告知对方"桌面上只放正在处理的工作所需要的东西"。

对方如果能实践整理技巧,减少找东西的时间,那么就能提高工作效率,我们也会从中受益。

工作拖延症患者必有其拖延的原因,我们要做的就是消灭这个原因。

工作拖延症患者绝不是因为能力差才导致工作拖延的。

针对各种各样的拖延原因,采取相应的措施,是工作高效者的习惯之一。

要点　工作拖延症患者会因为"对症下药"而发生巨大的变化。

03 人的能动性会受环境条件的影响；仅需一个行动就能激发下属的能动性

> 能够通过沟通激发出下属或者同事的干劲吗？
> 下面，我将用一个实验来回答这个问题。

"霍桑实验"的意外结果

如何提高下属或者同事的工作效率？

对于拥有下属（即使只有一名下属）的人来说，这大概是一个永恒的课题。

实际上，有一个实验可以告诉我们答案。

精神科医生乔治·埃尔顿·梅奥（George Elton Mayo，1880—1949）和心理学家弗里茨·朱尔斯·罗特利斯伯格（Fritz Jules

Roethlisberger，1989—1974）在美国芝加哥的霍桑工厂做过一个实验。这个实验也因此被叫作"霍桑实验"。

他们原本是想通过实验来验证"工作环境会如何影响工作效率"。

梅奥和罗特利斯伯格从众多工人中挑选了6名女工参与实验。

首先，实验人员将工厂昏暗的灯光调亮。

结果发现，通过调亮工厂的灯光照明，女工们的工作效率提高了。

接着，实验人员又尝试了"增加休息""涨工资""提供茶点""保持室内适宜温度"。这些工作条件的改善都提高了女工们的工作效率。

如果只看结果的话，你可能会得出"改善工作条件可以提高工作效率"的结论。

但这个实验还有后续部分。

这一次，实验人员反其道而行之，"调暗照明""减少休息""降低工作""取消茶点""让室内温度过高或过低"，恶化工作条件。

看到这里，很多人会理所当然地认为，工作效率一定降低了吧。

恰恰相反，这些变化反而提高了女工们的工作效率。

为什么工作条件恶化了，工作效率还会进一步提高呢？

秘密在于，在女工们参加实验前，实验人员告诉她们："你们是从众多工人中被挑选出来的，我们非常期待你们这 6 位优秀员工的表现。"

这个实验受到了管理层、研究人员等许多人的关注。

原来，女工们工作效率的提高并不是因为工作条件发生了变化，而是因为她们觉得自己被期待、被关注了。

换言之，不是"条件变化"而是"内心情感的变化"提高了工作效率。

"内心情感的变化"可以显著提高工作效率

在第一次知道这个实验时，我就想起了自己以前工作过的建筑公司，其不仅工作效率低，而且加班多。连续多日的长时间工作常常使人筋疲力尽，于是工作失误也变多。而为了纠正工作失误，员工又不得不加班，以至于形成了工作低效的恶性循环。

管理层认为，"工作效率低的原因是工资低"，于是给员工涨了工资。工资涨了以后，员工的工作士气的确得到了短暂提升。

但是，只维持了很短的一段时间。在大家习惯了新工资后，工作士气就又跌了回去。涨工资 3 个月后，员工又回到了天天加班的状态。不仅如此，该公司甚至还发生过一次员工抱怨工资比同行业其他公司低而引发的骚乱。

后来，在公司管理层做了"一件事"之后，全体员工的工作士气提升、工作效率提高、工作速度加快了。

那么，公司管理层到底做了什么事情呢？

答案是，公司管理层增加了视察公司办公室的次数。

以前，公司管理层觉得"不能打扰大家工作"，所以一个月就去办公室视察一次。后来直接将视察频率改成了一周一次。

而且，这种视察不仅仅是检查工作情况，还会慰问员工，了解员工在工作环境和工作进展方面存在的顾虑和烦恼。

在视察时，公司管理层会注意尽量不打扰员工工作，不进行评价和批评，而只是走访了解情况，听取大家的心声。如果发现有部门存在问题，公司管理层就会安排员工或者让总务部门负责跟进解决问题。

不久，全公司员工的工作士气逐渐高涨，加班和失误都减少了。

这就宛如"霍桑实验"一样，管理层向员工传递了"我一直都在关注你哦"的信息后，员工的工作效率就得到了提高。

虽然不清楚该公司管理层是否知道"霍桑实验"，但结果就同"霍桑实验"一样。仅仅改变工作条件，只能暂时提高员工的工作效率；要想长期提高员工的工作效率，必须要让员工的内心情感发生变化。

在此，我不想武断地说："哪怕条件再差，只要有干劲就行了。"因为，恶劣的工作条件无疑会降低工作效率，比如大热天不开空调、工资只够勉强糊口等。

但是，仅仅"靠改善工作条件来提高工作效率"，只能起到暂时性作用。一旦员工习惯了新条件，工作效率就会回归从前。

如果你想切实提高下属或者同事的工作效率，那么请向对方传达"我一直都在关注你哦"的信号。

仅需如此,他们的内心情感就会发生变化,最终工作效率才会得到提高。

如此一来,即使我们不花钱,也可以提高工作效率。

 心情的变化比环境条件的变化更能提高工作效率。

04 消灭无用会议的"磋商法": 弄清会议的目的,以最快速度找到结论

"会议"是公司内部互动沟通的典型方式。
但是,没有比开会时间漫长却没得到任何结果的会议更无用的事情了。
问题的关键在于开会的方式。

会议的"4 种形式"

最近,听到越来越多的人抱怨公司会议是"办公室浪费生命的象征""导致加班的原因"。

但是,既然有"不必要的会议",也肯定会有"必要的会议"。

难以想象一个公司完全没有会议和磋商。

如果一个公司既没有短期计划，也没有长期愿景，那这样的公司就只会是一群独立工作者的集群。

如果公司上下级之间、员工之间没有联络沟通，那么公司的目标就会变得零散杂乱，公司就没有凝聚力。

因此，公司会议本身还是必需的。问题的关键在于开会的方式。

公司会议根据内容的不同，大致可以分为4类：

（1）通气会。

（2）头脑风暴会。

（3）决策会。

（4）权力炫耀会。

如果能把握这4种会议的目的，就能不浪费时间，获得所有参会人员的认可，从而按时结束会议。

接下来，我将介绍提高这4种会议的开会效率的方法。

1. 通气会

顾名思义，通气会就是"传达"公司业务内容和方针的会议。

对于这类会议，最重要的是"传达的内容是什么"。

如果会议内容只是"关于调整会议室的使用方法""年末和

年初的放假通知"等,那就没有必要召集公司员工开会,可以采用统一发送邮件的方式通知即可。

不过,如果会议内容涉及"缩小业务范围、削减财务支出""裁员"等重要事项,那就不能只用邮件通知了。

换言之,在决定是否召开通气会之前,组织者先要确认会议内容。若是能用邮件告知或口头告知的内容,就不需要召开会议。

2. 头脑风暴会

曾经有一段时间流行过以"禁止批评""追求数量""自由畅谈"等为规则的"头脑风暴"(Brainstorming)。

如果想提高"头脑风暴会"的开会效率,那么就需要组织者提前完整明确地告知参会者本次会议的议题。如果等参会者到场后才告知大家会议的议题,要求大家出谋划策,那么难以取得理想的效果。因为好的想法并不是那么轻而易举就能产生的。

如果开会前参会者不了解会议的议题,那么会议前半程,参会者往往都会沉默,等到会议结束后才冒出好的想法来,从而导致时间白白流失。为了避免这种浪费时间的情况出现,组织者可以提前告知参会者本次会议的议题,让大家在开会前提前就议题展开思考。

3. 决策会

只要不是老板一人专权的公司,一般公司都会就重要的事项召集有关员工一起进行商议和讨论。

召开这类会议最重要的是，要提前告知参会者会上要商议的事情。因为在会上要求参会者对商议内容做出判断会拉长会议的时间，所以，最好让参会者提前思考会议的内容。

还有一点也很重要，即"合适的人选"。如果漏掉了必要的决策者，或者召集的参会人员都是一些不能做决定的人，反倒会浪费人力和财力。

4. 权力炫耀会

虽然权力炫耀会是一种上不了台面的恶俗东西，但现在很多公司都热衷于召开这种彰显公司领导权力的无聊会议。

比如，周一一大早就召集员工开会；在上班时间之外召开毫无意义的会议；召集在外跑完业务拖着疲惫的身躯回到公司的销售人员，开那种只是给大家施加压力的报告会……在你的公司，有没有把召集这种会议当作工作来做的领导呢？

其实，只要仔细想一下，召开这类会议"真的有必要吗"，务实的领导就基本上会放弃这类会议。当然，员工也可以向领导提议，"希望取消××会议，仅用邮件通知即可，以方便大家更加集中精力做实际工作"。如果公司的工作氛围比较严肃紧张，不方便说，员工也可以要求公司设置"意见箱"等，以匿名的方式提出自己的意见。

上述建议，你觉得怎么样？

无论是自己召开会议还是参加会议，先判断会议属于上述 4 种类型中的哪一种，然后采用合适的方式来应对，你就可以避免浪费时间。

即使不是自己召开的会议，你也可以在某种程度上把握参会的自主权。比如，你可以告诉会议组织者，"希望提前用邮件告知参会者会议的议题"。若是"不需要自己参加"的会议，你还可以告知会议组织者自己有更紧急的事情要做，从而取消参会。

开会时最好先明确两件事

如果是自己召开的会议，建议你在会议开始后马上告知参会者两件事情：

第一件事是宣布本次会议的目标。

比如，在会议开始时，首先宣布"今天开会，是想就××进行决议"。

第二件事是告知本次会议的结束时间。

约定的会议结束时间一到，就马上结束会议。这样，会上的讨论就自然会加快，会议时间也就不会随意延长了。

知道了会议的结束时间，大家就会产生尽快得出会议结论的共识，从而实现工作效率的提升。

工作不拖延的人会使用"会议技术"来参加会议。

无论是召集会议还是参加会议，工作不拖延的人都可以根据会议类型来考虑时间和人选，以便采取恰当的应对措施。

而工作拖延的人会以同一种态度对待所有会议，怠慢事前准备，弄错人选，浪费经费和时间，导致工作拖延。

辨别清楚会议类型也是提高工作效率的秘诀之一。

05 助力下属成长的"批评法": 可以批评"行为",但不要否定人格

> 为了培养下属,有时候也需要对其进行批评。
> 但有时却因为方法不当,变成了现在所谓的"职权骚扰"。
> 实际上,好的批评方法存在着"某种规则"。

为什么新员工会在 3 年内辞职

大家知道"七五三现象"吗?

所谓"七五三现象",是指"70% 的初中学历的新员工、50% 的高中学历的新员工和 30% 的大学学历的新员工会在入职后的 3 年内辞职"。

对于投资培养员工的公司来说,工作满 3 年的员工将要成为公司的主要战斗力,这些员工在入职后的 3 年内辞职,对于公司

来说无疑是一种投资损失。

对于新员工来说,在工作逐渐开始变得有意思的时候辞职,其实也很可惜。

为什么这么多新员工会在入职后的 3 年内辞职呢?

其实辞职原因自古至今从未改变,即"职场的人际关系"。

如果是黑心企业,可能是因为"繁重工作""极低工资"等,但一般的企业,大多都是因为"职场的人际关系"。

的确,职场与学校不一样。虽然读书时有许多志趣相投的同龄伙伴,但一起工作共事的同事则与自己的年龄、价值观不太一样。跟这样一些人在一起工作共事,肯定没有学生时代开心。因此,辞职人的心情也不难理解。

批评"行为",助力下属成长

我曾作为讲师,在企业的新员工入职培训、日本商工会议所举办的纪念演讲上进行演讲。在这些演讲中,我反复提到"如果有人因为职场关系打算辞职,请以下面的话作为是否辞职的判断标准"。

你的领导是否定你的"人格"还是批评你的"行动"?

比如:"工作好慢啊。真想看看是什么样的父母养出你这样的人。""说了一遍还记不住吗?脑子跟鸡一样小。"

这些都是我之前在职场上被领导骂过的话。

这种"语言攻击"成为我辞职的原因之一。

此外，还有一种严格要求员工行为的领导。

有的公司领导会非常细致地提醒新员工注意自己的行为举止，比如"敬语的使用方式""电话的接听方式""账簿的制作方式"等。对于这一类领导，新员工只会觉得"烦琐、唠叨、烦躁"。

但是，事后回忆时，很多人会觉得"多亏了那位前辈，我学到了很多东西，获得了成长"。我也是多亏了唠叨的前辈，学会了作为一个社会人应具备的社交礼仪和工作方式。

所以，我会告诉新员工："如果领导否定你的人格，那这个公司肯定不怎么样，辞职就是了。但是，如果领导只是有点唠叨，批评你的行为，你就应该追随他。"

这就是我判断是否因为人际关系而辞职的标准。

如果你是领导或者前辈，在批评下属或者后辈时，请不要伤害他们的人格，不要让对方垂头丧气，而是要帮助对方改善行为，促进对方成长。

应该问他们"怎么做"，而不是问他们"为什么"，要让他们自己思考问题的答案。

比如，不是质问对方"为什么没有赶上交货期"，而是问"怎样做才能赶上交货期"。

如果问"为什么",下属会被问得哑口无言,变得垂头丧气。

但如果问"怎么做",就可以让对方自己思考答案。领导只要协助对方,促使其改善今后的行为即可。

"否定人格"与"批评'行为'"的效果天壤之别!

CHAPTER FOUR

第 4 章

争分夺秒——提高团队工作效率的诀窍

拖延症自救指南：
告别低效人生的7个实用方法

01 高效的团队必然是"极简主义者":如何减少降低团队工作效率的"找东西"

本章的主题是"提高团队工作效率的方法"。让我们首先从减少团队"找东西"的时间开始吧!

一年竟有 150 个小时在"找东西"

在抽屉里找订书机订文件,在书架上找以前的合同,在电脑里找去年建的文件夹……

毋庸置疑,在"找东西"的时间里,不会有任何工作效益产生。

大家猜猜,一个人一年有多少时间是浪费在"找东西"

上了？

正确答案竟然是 150 个小时（数据来自大冢商会的调查报告）。

如果按 1 天工作 8 小时来计算，150 个小时相当于工作 18 天以上。

也就是说，我们每年浪费了 18 天以上的工作时间。假设每年上班 250 天，那么平均下来每天就是 36 分钟［即（150×60）分钟÷250 天］。

一般来说，通过日本商工会议所簿记 3 级考试需要学习 50 个小时，通过簿记 2 级考试需要学习 100 个小时。"找东西"的 150 个小时足够考取日本商工会议所簿记 3 级和簿记 2 级证书了。

如果"找东西"的时间可以缩短到每天 6 分钟，那就可以省下 30 分钟。加班到 19：00 的人就可以在 18：30 下班，加班到 18：00 的人就可以在 17：30 下班。

如果整个团队的工作时间能做到每天节省 30 分钟，这岂不是很厉害的效率提升？

我之前说过，工作时只在桌面上摆放与正在做的工作相关的资料，其他的非必需品要全部收起来。

A 像我一样不找东西，按时下班；B 总在找东西，工作效率低，每天都要加班。即使 A 和 B 完成的工作量是一样的，但公司却要支付 B 更多的加班费。而且 B 在加班时，还会消耗更多的电费。

既然如此，我希望自己团队的所有成员都能成为"不找东西的 A"。

减少物品可以提高团队的工作效率

"找东西"会打乱工作节奏。

原本人的工作状态很好，却因为经常要"找东西"而打乱了工作节奏。即使"找东西"的时间只有数秒钟，也会打乱工作节奏、分散注意力。

另外，如果找不到领导需要的文件，人会变得心神不宁，情绪焦躁。

如何减少团队中有百害而无一利的"找东西"呢？

最简单的办法就是"减少物品"！

比如，找文件夹时，如果书架上只有一个文件夹，那么"找东西"的时间就是 0 秒。

但是，如果书架上摆满了文件夹，那会变成什么样呢？或者即便书架上的文件夹数量不多，但是如果有很多名字相同的文件夹的话，也会增加寻找的难度。

最让人崩溃的是，有的文件夹上没有任何文字标注，或者文件夹里装的文件既没有整理过也没有标注年份，如果不看文件的具体内容，就根本不知道是什么。

如果减少办公室里的物品数量，那么就可以让人们从"找东西"的烦心事中解脱出来。

如何减少办公室里不必要的物品呢？

详细解说请参照拙著《"不加班的团队"与"总加班的团队"的习惯》（明日香出版社）。在此，我仅简单说一下。

在员工年龄、工作职位、工作种类不尽相同的办公室，进行物品整理的要点是，"规定一天，整个团队一起整理办公室物品"。

这是效果最好、见效最快的办法。

请记住，只依赖一部分人整理办公室物品，是无法有效减少整个团队"找东西"的时间的。

 减少"找东西"的时间，需要整个团队成员一起减少办公室的物品！

02 减少九成的"找东西"时间：赶走夺去时间的3类"找东西"

相信大家已经明白，要想提高团队的整体工作效率，收拾并整理办公室物品是非常有必要的。

那么，怎样才能将办公室的物品收拾得井然有序呢？

我的建议是，尽量减少3类"找东西"。

必须减少3类"找东西"

在上一节，我提到，我们每天大约有36分钟的时间被浪费在"找东西"这件事情上。就"找东西"的具体内容而言，主要有3种类型的"找东西"：

（1）在办公桌抽屉里找文具。

（2）在书架或仓库里找文件。

（3）在电脑里找文件。

下面，我给大家讲一下怎样减少上述的 3 类"找东西"。

1. 减少办公桌抽屉里的文具

首先将办公桌抽屉里所有的文具都摆到桌面上，然后按下面 4 种类型进行分类：

（1）每天都会用的。
（2）每周或每月会用的。
（3）与团队成员共用的（公司发的笔、邮票、信封等）。
（4）可以扔弃的。

我们可以在办公桌最上面的抽屉里放一个收纳文具的盒子，将第一种类型的文具放在文具盒的最前面。然后，将第二种类型的文具按"使用顺序"依次摆放在第一种类型文具的后面，越常使用的越靠外面摆放。

我很讨厌每次拉开抽屉时的文具移位，所以我买了海绵质地的薄垫子（5S 管理垫），按照剪刀、尺子等文具的形状，在垫子上剪一些小洞，然后把文具固定在洞里面。

我们可以将第三种共用文具中不需要的文具和第四种文具一起扔掉，将剩下的有用的文具放到团队的共用空间里。

只要这么清理一下，文具数量就会显著减少。因为可以在需要的时候迅速拿出文具，所以工作节奏就不会被打乱。

2. 减少办公室里的文件

办公室里只保留"必须保留"的文件。

比如,公司的规章制度、经营许可证副本是不能扔掉的文件。

除此之外的文件都可以按照"一年标准"来决定是保留还是扔掉。

所谓"一年标准",是指该文件"一年内是否用过"。

请勇敢地扔掉一年之内从未用过的文件!

如果实在舍不得,你也可以花点时间,将文件扫描且保存在电脑里。

下面是一件发生在我的事务所搬家时的事情。

我的事务所搬到了一个仓库很小的地方。因为仓库不够大,所以我需要扔掉三分之一的文件。当时,我就是按照"一年内是否用过"的标准来进行处理的。

最终结果是,何止是三分之一,三分之二的文件都被处理掉了。

一定要下决心扔掉那些没用的文件。仅仅如此,你就可以节省出大量从堆积如山的文件中寻找目标文件的时间。

3. 整理电脑里保存的文件

把纸质文件变成电子文件存到电脑里,电脑里的数据量必然逐渐增多。即便不是有意识地将文件数据保存在电脑中，我们在使用电脑的过程中，也会在不知不觉中保存大量的数据。估计很多人的电脑硬盘里全是文件夹。

在团队共享数据库的情况下，如果没有制定存放的规则，那么就会弄不清楚什么地方存放了什么东西。在电脑里存储文件，同样需要保持井然有序。

电脑数据的整理规则与纸质文件的整理规则一样。

"保留重要的文件""删掉不需要的文件"。

关于整理电脑数据，有一个问题需要提醒大家注意。

比如，文件夹里保存着曾经花费了大量时间才精心设计出来的计算公式。虽然暂时用不上了，但是今后制作类似表格时，说不定还能派上用场。

对于这类文件，我们可以在电脑桌面回收站的旁边，建一个保留文件夹，将那些暂时用不上的文件存放其中。然后，每半年打开文件夹清理一下，把非必要的文件删掉。

如果这样整理电脑数据的话，在决定是否删除某个文件时，我们就不会犹豫不决了。因为将待删除的文件全都集中存放在一个文件夹里了，删除时也很方便。

关于保留下来的文件，我制作了一个家谱图文件夹，如下所示。

比如，跟银行相关的文件，就建一个"银行"文件夹，按照树状图建 A 银行、B 银行、C 银行和业务往来银行的文件夹。再

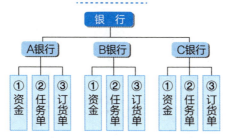

家谱图文件夹

在 A 银行文件夹里建子文件夹，比如"资金""任务单""订货单"等。

当然，我们也要定期清理硬盘里的文件夹图标。此外，还要注意，"文件夹的名字不在乎长短，但要保证容易检索""在文件名里标注日期"等，以便尽可能地缩短检索文件的时间。

减少办公室里的 3 类"找东西"——"文具""文件"和"电脑文件"。

03 "一眼就能找到目标物品"的整理方法：高效团队有固定的物品收纳点

> 无论怎样减少办公室里的物品，如果不知道什么地方放有什么物品的话，每次还是需要"找东西"。
> 接下来，我将传授避免这种情况出现的诀窍。

规定了物品收纳点之后，行动也会加速

你有没有经历过在交换名片时，对方递出名片等待你回递名片，而你却迟迟找不到名片夹的情况？

其实，解决这个问题的方法很简单。那就是规定好物品的收纳场所。

我一般把名片夹放在公文包里伸手就能够得着的口袋里。拜

访第一次见面的客户时，我会提前把名片夹放到西装的内袋里。这样，在双方交换名片时，我就不会让对方等太久了。从外面回到公司后，我会将放在名片夹里的客户名片拿出来，按照交换出去的数量，补上自己的名片数量。

因为我规定好了物品的固定收纳点，所以能够迅速找到需要的东西。

努力做到让物品收纳点的物品一目了然

办公室也要规定好物品的收纳点。

刚才我介绍了文具的整理方法。

在办公桌最上面的抽屉里的收纳盒中只摆放每天都要用的文具。我的收纳盒里只有一支4色圆珠笔、一支自动铅笔、一块橡皮擦、一支黄色荧光笔和一把尺子。

事先规定好固定的物品收纳点，需要时去收纳点拿即可，这样就不用额外花时间到处去"找东西"了。

团队公共空间的东西也要规定好固定的收纳点，并规定任何人使用后都要把东西放回原处。

在我任教的培训学校，剪刀、订书机、印泥等公共文具都是放在固定位置的。

还有一点很重要，那就是，在团队公共空间，我们要保证任何人都能一清二楚地看到什么地方放了什么东西。

在我经常去的一家牛肉盖浇饭饭馆，店家就专门制作了标签来标注酱油、辣椒油、调味汁的摆放位置。

因为贴了标签，所以即使店员不提醒，食客也会自觉地把用过的调味品放回原处。

店员也省去了在食客用餐完毕后将调味品放回原处的时间。

虽然将使用过后的物品重新放回原处需要耗费一点时间，但久而久之，就能节省出很多"找东西"的时间。

唯有固定了物品的摆放位置，才会有物归原处的可能。

没有固定位置的话，物归何处就很难说了。

食客可能会按照自己的喜好随意摆放用过的调味品。这并不是他们心存恶意，而是因为他们不知道放回哪里。

如果是许多人共用的空间，那么需提前确定好收纳点，这样才可以保证所有物品都井然有序。

确保全体成员共享公共书籍和公共数据

纸质文件、文件夹按照使用频率摆放，常用的文件就放在容易拿取的地方。

一旦规定好固定位置，我们就可以节省"找东西"的时间。

只要大家都贯彻了"物归原处"的原则，即使在固定位置找不到需要的东西，你也会明白"可能现在有人正在使用"，也就不用耗费时间到处去寻找了。

电脑里存放的公共文件也应如此。

你可以仿照前文提到的家谱图建立文件夹,规定好保存规则和存放点,并告知所有团队成员。

确保团队的公共物品在固定的收纳点一目了然。

04 高效的电子邮件管理技巧:防止被电子邮件夺走时间的8种方法

你可以忍受多长时间不去查看电子邮件?
为享受电子邮件带来的便利,我们付出了宝贵的时间。
在此,我将归纳总结8种高效使用电子邮件的方法。

你是不是被电子邮件折腾得晕头转向

当今世界已经完全变成网络社会了:不用去图书馆就能搜集到信息;不用做剪报就可以轻松保留需要的资讯;还可以瞬间获得各种各样的信息。

以前,人们进行沟通交流,要么是直接见面,要么是通过电话,但现在只要发一个电子邮件就可以了。任何信息都可以通过 SNS(Social Networking Services,社交网络服务)发往全世界。

但是，方便也带来了不便。人们常常为了方便而牺牲了工作效率。

在网上检索信息时，不需要的信息会涌入眼帘，让人在不知不觉中就在网上"遨游"了几个小时。

过去，人们只能通过电话或者书信与远方的人进行沟通交流；现在通过电子邮件，人们可以轻松便利地取得联系。不过，低成本的电子邮件交往也导致了非必要联络的增加。

当然，我并不是要否定电子邮件的便利性。

电子邮件有许多优点。比如，即使对方非常繁忙，也能与之取得联系；可以通过邮件附件传输大量信息；可以保存联系记录；可以利用抄送功能同时向多人发送同一个电子邮件。

怎样做才能在利用电子邮件优点的同时，保持较高的工作效率呢？

我总结归纳了 8 个高效使用电子邮件的方法：

1. 规定查看电子邮件的次数和时间

我规定自己查看电子邮件的时间是到公司后、下午 1 点、下午 3 点和下班前，一天总共 4 次。

当然，不同工种和不同职务的人查看电子邮件的次数各有不同。比如，"下属需要跟客户进行联系，一天只查看 4 次电子邮件太少了""因为是新入职，不需要频繁检查电子邮件"等。请根据自己的具体情况，确定电子邮件查看的次数和时间。总之，你只需做好这件事，就能避免被电子邮件占用过多的精力和时间。

当然，如果"今天会接到老客户的紧急联络"，那就请随机应变，具体情况具体分析。

2. 在空闲时间里查看紧急的电子邮件

即使规定了查看电子邮件的次数和时间，有时还是会担心是不是有紧急的电子邮件。

正如我在前文中提到的，我将外国的"番茄时间管理法"改良成了适合日本职场的"15分钟工作法"。因为我是以少于15分钟为目标来工作的，所以60分钟里可以节省出1~5分钟的空闲时间。

我利用这几分钟时间查看是否收到了紧急的电子邮件。我会粗略地扫一眼邮箱，只回复需要马上回复的电子邮件，其他可以稍后再回复的电子邮件，则在我规定的时间里进行处理。

3. 点开电子邮件后立即回复

点开电子邮件后，会有3种情况出现："立刻回信""立刻删除"和"稍后回信"。

原则上，要么立刻回信，要么立刻删除。但是，如果有其他比回复电子邮件更紧急的事情，暂时无法立刻回信，那就立即确定好回信时间，这样就可以防止重复查看电子邮件内容或者忘记回信。

4. 上午只看重要的电子邮件

上午是黄金工作时间。此时，人的注意力集中，工作效率高。

即使需要查看邮箱，那些不重要的电子邮件也不要点开看了，不然，就会浪费时间。请根据电子邮件主题来进行判断，只查看重要的电子邮件。

5. 制定公司内部电子邮件收发规则

在我的事务所，我规定，在公司内部的电子邮件沟通中，不要写"您辛苦了"等套话。这些套话对于写电子邮件和读电子邮件的双方来说，都是浪费时间。

另外，如果电子邮件内容紧急，一定要在电子邮件主题处进行明确标注。

制定一些团队内部的电子邮件收发规则，也可以提高整体的工作效率。

6. 复杂事务用电话联系

如果用电子邮件向别人解释复杂的内容，无论对写电子邮件的人来说，还是对读电子邮件的人来说，都很痛苦。因此，根据具体情况，采取电话或者视频会议的形式，甚至是直接见面等方式进行沟通，其效果会更好。

对于一些较为复杂的事情，有时候用电子邮件沟通次数再多，也未必能正确传达信息，但也许只需打一分钟的电话就能说清楚。所以，与其花费很长时间写电子邮件，还不如打一个电话或者直接上门拜访，速战速决。

7. 关闭电子邮件的提醒功能

如果电脑在每次收到电子邮件后都会弹窗提醒，那么将干扰到眼前的工作。

所以，最好的应对方法就是关闭电脑的电子邮件提醒功能。

8. 规定回信时间为 15 分钟

集中回复电子邮件的时间一次最多不要超过 15 分钟。

虽然有很多人会规定查看电子邮件的开始时间，但是很少有人规定查看电子邮件的结束时间。我规定自己一次只查看 15 分钟（这也是"番茄时间管理法"的进阶版），并且在规定的时间内尽可能多地回复电子邮件。

规定的结束时间到了后，如果正在写电子邮件，我就会往后延长 3 分钟。我把这 3 分钟称作"空载时间"。

上述的 8 个技巧，对你有启发吗？

除此之外，还有"停止订阅不看的电子邮件杂志""使用输入法的词语联想功能"（比如，jinhou→今后请多关照）等技巧可以使用。

请不要自己独享电子邮件处理技巧,而要推广到整个团队,供大家参考借鉴。这样就能避免大家被电子邮件占用过多时间,从而提高团队的整体工作效率。

在团队内推广上述 8 个电子邮件的处理技巧,节省时间!

05 人不会仅仅为了"目标"而行动：激发团队成员行动力的"4个要点"

> 提高团队工作效率的最佳办法是让团队成员拥有行动力。想要激发团队成员的行动力，需要具备"4个要点"。

比"目标"更重要的东西是什么

"我想减肥！"

"我想考行政文书职业资格证㊀！"

㊀ 日本的行政文书职业资格证考试是基于日本行政文书法（1951年2月22日法律第4号）的国家职业资格证考试。通过考试取得了职业资格证的行政文书士可以接受个人或单位的委托，依法为其代办各类政府许可证等，代写遗嘱等权利义务证明、事实认定书及合同等，代办行政诉讼手续等，同时获得相应的报酬。

"我想学会说英语！"

每个人都有自己的奋斗目标。

但是，很多人都会设定一个达成目标的时间，而不是马上采取实际行动去实现目标。或者虽然开始行动了，却只有三分钟热度，没过多久就放弃了。

迟迟不采取行动和三分钟热度的人都有一个共同点，那就是仅仅只有"目标"。

请不要误会，我不是说不能拥有目标。

实际上，拥有目标非常重要。

问题是"光有目标"是远远不够的。"我想减肥""我想考行政文书职业资格证""我想学会说英语"无疑都是目标，但是这些目标里缺少了一个重要的东西，即缺少"为什么想减肥""为什么想考行政文书职业资格证""为什么想学会说英语"的"目的"。

所谓"目的"，是指你自身强烈的愿望。

减肥成功后，"可以在婚礼上穿紧身的婚纱"！

取得行政文书职业资格后，"可以自己开公司，一直工作到不想工作为止"！

学会说英语后，"可以跳槽到外企，去国外工作"！

这些才是"目的"。

只拥有目标的人，会因为一时的挫折而痛苦，进而丧失行动力，最终不了了之。

但是，如果目标背后有一个根植于内心的强烈愿望作为支撑，目标就会激发出强大的行动力，让人能够坚持下去。

比如，"在 6 个月后的婚礼前，我要减肥 10 公斤"这样有具体期限、数值的"目标"，就能激发人的行动力。

与团队成员共享"4 个要点"

公司和工作的目标也是一样的。

如果想要激发团队成员的行动力，团队带头人就不能只公布模糊的"目标"，而要广而告之"目的"，并说明具体的"期限"和"数字"。

当团队全体成员共享了"目标""目的""期限"和"数字"时，大家的工作效率就会提升。

因为大家都是朝着一个地方使劲，"我为人人、人人为我"，工作效率就会迅速提升。

这"4 个要点"还可以作为工作上的判断标准。

在工作中，团队成员只需要参照"4 个要点"进行独立思考，就不用时时刻刻向领导请示工作，每个人都能像领导一样采取行动。

举一个例子。通常工厂里"安全第一"的标语之后，往往跟着"利益第二"的标语。工厂故意将"利益第二"排在"安全第一"之后,意在帮助员工,在遇到因不能按时完成工作任务而焦虑时,或者为了牟利而不顾一切时,能够自行做出判断:"是的,虽然利益很重要,但安全第一,不能乱来,忽视了安全!"

你有与同事共享的"目标""目的""期限"和"数字"吗?

与人共享"目标""目的""期限"和"数字",就能自然产生行动力。

06 高效团队擅长反省:用"超高效 PDCA[一]"持续鞭策团队的诀窍

> 在现在的办公室,大家都对着电脑屏幕,安静地干着自己的工作,并不清楚其他人的工作内容。
> 如何在这种情况下提高工作效率呢?

"偷艺"已经过时

我初入职场已是 30 年前的事情了。

当时,大家都说:"工作靠偷艺!要向前辈学习如何做人做事!"

[一] PDCA 指 PDCA 循环,即 Plan(计划)、Do(实施)、Check(检查)和 Act(处理),是管理学中的一个通用模型。

那时候，一个工作团队只有一台电脑。经常有领导、前辈拜托我制作资料或者把他们手写的文稿用打印机打印出来。

新员工还要负责给客户发传真、复印文件。

我在做杂务工作的同时，渐渐学会了股东大会的组织流程、会议备忘录的制作方法等。

与现在安静的办公室不一样，当年的办公室很热闹。我就是听着前辈们跟老客户打电话的措辞，学会说敬语的；看到领导批评前辈，我知道了什么事情绝对不能做。

即使没有得到过明确的指示和指导，我也依葫芦画瓢地学会了怎么工作。

但是今非昔比。现在是一人一台电脑的时代，大家都在做自己的工作。文件传送也从发传真变成了在电子邮件中添加附件。与客户沟通，也基本上是通过电子邮件而非电话来进行。

社会上到处都是反对"职权骚扰"的声音，领导责骂下属的情况也越来越少了。

现在，即使后辈想偷偷从前辈那里学些什么，也学不到任何东西，"偷艺"早就成为历史。

我这样说，绝不是在为过去唱赞歌，说过去好。

我只是想说，明明时过境迁，但还是有不少领导和前辈以"偷艺"的思想来指导下属或新员工的工作。

实际上，如果不给出具体的指示或指导，那么下属永远都学不会如何进行工作且什么工作都做不了，最终导致团队的整体工作效率低下。

善于利用"超高效 PDCA"

那么，怎么办呢？

想要让新员工尽快成长为能够独当一面的合格员工，全体员工就要共享工作内容。换言之，公司要让每个人都知道其他人在做什么。

为此，在工作团队内推行 PDCA 就是非常重要的事。

具体而言：

1. P（计划）——召开早会

团队带头人要在每天早上固定时间召集全体成员开会。

在会上，先让所有成员各自汇报当日的工作计划，然后带头人需要做下面的事情：

（1）如果有成员的工作任务多到需要加班，那么就将其部分工作任务分派给其他人去做。

（2）如果有成员打算做不重要的工作，那么就提醒其先做优先级别高的工作。

（3）把握所有成员的工作量，保证团队内达到基本平衡。

（4）提前告知大家领导的日程安排，比如外出、出差等，确认工作推进方式，确认递交会签的时间节点等，防止出现"因为领导不在，无法盖章，导致工作停滞"的情况。

2. D（实施）——开展工作

开完早会，开始工作。

我猜，有很多团队都是按照"开会→工作"的顺序开展工作的。但是，很少有团队会进行下一步的工作——检查、改进。

3. C（检查）——检查工作

每天固定一个时间，比如下班前 30 分钟左右，召集大家开一次会，回顾当天的工作。这个总结会不是要批评大家的工作失误或者没有按照计划推进工作，而是检查当天所有成员的工作进展情况和安排，为今后改进工作提供经验。

4. A（处理）——改进工作

检查和改进要一起进行。

比如，A 在早会上说，今天会在下班前做完重要的项目，但实际上加班一个小时后才完成。出现这种情况后，团队带头人就应该当场查明未按时完成工作任务的原因，并进行改进。如果是因为上午突然接待了登门拜访的客户，那么从明天开始，就让相对比较空闲的 B 来负责接待客户。如果 C 和 D 忙于资金周转业务，那么从明天开始，就让 E 来接听电话。

如上所述，每天结束工作时，团队要对工作情况进行检查，并提出改进方案。全体员工每天都做一次PDCA，日复一日，团队工作效率就会大大提升。

通过每天进行PDCA，大家下班的时间就会逐渐趋同，至少互相知道对方在做什么。

通过共享工作任务，新人也可以吸取前辈们的工作经验。

如果觉得每天上午和下午都要开会很麻烦，那么可以先试试每周只进行三天的PDCA。即使有员工直接从家去工作现场，或者从工作现场直接回家，也可以通过视频会议或者电子邮件完成参会。

管理岗就是要管理员工。

科长必须知道所有科员的工作内容，部长必须知道所有部员的工作内容。不知道下属在干什么，何谈管理？

请务必在团队内试试PDCA，掌握所有员工的工作情况，这样可提高团队所有人的工作效率。

全员践行PDCA的工作团队，可以极大地提高团队的整体工作效率！

CHAPTER FIVE

第 5 章

用最快速度完成"从0到1"的创造性思维方法

拖延症自救指南：
告别低效人生的7个实用方法

01 能够快速输出成果的秘密：从其他公司或其他行业搜集点子并为我所用的诀窍

> 本章的主题是"提高创造性工作的速度"。
> 有时，大家还在抓耳挠腮时，有的人可能已经独自完成了企划书。
> 这类人与周围人到底有什么差别呢？

"创造性工作"就是"写作"

相对于每天例行公事般的工作来说，我将那些必须经过大脑仔细思考后才能做的工作称为"创造性工作"。

举例来说，以下工作可以被称作"创造性工作"：交给老客户的企划书、交给领导的报告书、会议发言资料、会议记录、宣传部门委托的商品宣传报道稿、公司内部报纸的原稿、工作日志和写给顾客的致歉信或者祝贺信等。

就我个人而言，写博客、邮件杂志等也算是"创造性工作"。

这样看来，"创造性工作"大多都与"写作"有关，即将自己的想法或需要告知别人的事情通过"写作"告诉别人。

我们一般认为，"写作"速度快的人就是做"创造性工作"速度快的人。当然，"写作"速度的快慢，决定了工作速度的快慢。

在本章，我将讲解如何高效地完成"写作"这一"创造性工作"。

能够输出成果的人会从公司之外摄取知识

众所周知，没有输入就没有产出。

能够输出优质成果的人，一定是摄取了优质知识的人。

抱怨想不出好点子的人，一定是知识摄取不足。所谓"巧妇难为无米之炊"，就是这个道理。除非是天才，否则任何人也难以做到无中生有。

做"创造性工作"速度快的人，是因为他们平常一直保持着摄取知识的习惯，所以他们的工作速度才快。

那么，这些人是从哪里获得灵感源泉的呢？

答案是在公司以外的学习中。

仅仅只在公司里与领导、后辈交流，是想不出好创意的。

某著名漫画家曾说过："现在想当漫画家的年轻人只看漫画，

但是想要成为漫画家，光看漫画是不行的，还要看电影、读小说，拓宽眼界。"

我以为，所言极是。一个人，如果不拓宽自己的视野，不走出去看看外面的世界，是找不到新创意的线索的。

坐在公司的有限空间里，即使想写新商品的企划书，也写不出有新意的内容。

商务人士拓宽视野的有效办法有阅读、参加研讨会和参加跨行业或者同行业的交流会等。

时至今日，为了提升自我，我一直坚持在闲暇时间阅读商业书籍，每个月参加一次研讨会。只要有时间，我还会参加跨行业的交流会。

所以，我能够了解到各行业的最新信息，可以快速完成"创造性工作"，加班减少，由此也就有了更多提升自我的时间，形成了一个良性循环。

在以前的职场，如果你对外部世界的情况了解得越多，就越会对领导的不合理安排、鼠目寸光感到失望，最后甚至选择跳槽。

做"创造性工作"的启示不在公司内部！

02 "自由地思考"需要加以"限制":"随便"的陷阱

> 你是否一听到"创造性工作",就会马上想到"自由地思考"?
> 但是,这个"自由"其实是一个陷阱。
> 很多人在被告知可以"自由地思考"之后,反倒无所适从。

"随便"会让人丧失行动力

比如,与人第一次约会时,你问对方:"中午想吃什么?"对方回答说:"都可以!"

这是最让人郁闷的回答了。"都可以"反倒让人束手无策。

估计你会希望对方至少限定一下是日餐、西餐或是中餐,或者说出具体的种类,比如拉面、牛排、寿司等。

你想了半天，说："那我们去吃拉面吧。"对方却回答："我想吃清淡点的。"

你心里一定会说："那你早说啊！"

我有时接到的商业书籍的写作邀约也跟上述情况类似。

如果出版社说"随便写什么都行。请选您自己喜欢的主题写"，我反倒不知道该写什么好。

不仅如此，有的写作邀约虽然确定了主题，但是没有确定目标读者群，我也不知道该怎么写才好。即使是"沟通类书籍"，写给经理看的内容与写给职场新人看的内容会完全不同。

如果目标读者群不明确，那就无法确定写作的内容。如果写作的内容不确定，根本就无从下笔。

另外，如果编辑告诉我没有具体的交稿期限，那我肯定会一直拖着不写。

就像"写作"一样，人一旦被告知"请自便"，反倒会变得不知如何行动。

"限制"会加快"创造性工作"的完成速度

商业中的"创造性工作"同样需要设置一些"限制"。

如果会议主持人说"什么想法都可以，请大家畅所欲言"，那么大家反倒不知道该说什么好。

写企划书或提案时也是一样。

"请写一个让公司变得更好的企划书!"

如此模糊的要求,会让人无从下笔。

但是,如果写作主题是"从人事方面改善公司的方法""从经营方面改善公司的方法""优化公司民主环境的方法"等,因为有具体的主题"限制",就会让企划书的撰写变得容易一些。如果能够给出更为具体的指示,比如"提高销售量的方法""提高利润率的方法""降低成本的方法"等,就更容易写了。

那些做"创造性工作"速度快的人是怎么做的呢?

即使只接到了宽泛的写作主题,他们也会自己给写作主题加上一些"限制",让思路变得清晰、明确。

或者,为了确保自己的提议不会跑偏,他们会主动询问对方:"请问,可以具体说一下是围绕哪些方面进行提议吗?"

当你向下属分派"创造性工作"时,请参考上文,给出具体的指示,以方便下属思考。

要点　设置一些"限制",可以加快"创造性工作"的完成!

03 实现"从0到1"的必要事项：即使没有示范也不焦虑的诀窍

> 有时候我们会接到完全陌生的新工作。
> 面对新工作，我们首先应该做什么呢？

遇到新工作，首先收集资料

如果是可以利用前辈们留下来的资料完成的工作，那就借鉴前辈们的工作经验快速完成工作。

如果是没有前人经验可供借鉴的全新工作，那就只能自己想办法。

自创业以来不断成长壮大的公司，在第一次进行经费削减时，公司里面既没有类似的资料也没有类似的提案可供参考，那该怎么做呢？

答案很简单。最重要的是"收集具有参考价值的资料"。

想要在没有任何过往经验的情况下制作在大会上发言的"经费削减提案"，首先需要了解目前公司的经营状况，努力收集必要的资料。

如果连资料都没有，从零开始写，那几乎是不可能的。因为"巧妇难为无米之炊"。没有资料是无从下笔的。

我有一个每年写好几本书的朋友，他就说过："写书时，先要收集资料。收集好资料后，就可以动笔写了，用不了多久就能写完。"

也就是说，收集足够多的资料是提高"写作"效率的关键。

那些做"创造性工作"速度快的人，因为一直在积累资料，所以能够很快地完成工作任务。

收集资料的两个诀窍

第一个诀窍是，"不要多想，先大量收集资料"。

收集资料时，不要为"这个资料是否有用"而烦恼。

先不要纠结收集的资料是否有用，而要尽可能多地收集资料。

开始写提案时，如果觉得"的确不需要这个资料"，不用就是了。但反过来,"之前以为用不上,其实还是需要的,但现在忘记那个资料是在哪里看到的了"。于是,你不得不花时间去重新寻找,从而浪费掉很多时间。

举个例子,如果食材有限的话,你会觉得烧菜这件事情很困难。但食材多的话,你就可以有更多的选择,烧菜这件事情也会变得轻松容易。即便有一些多余的食材这次没有用上,你也可以放到冰箱里,下次烧菜时再用就是了。

第二个诀窍是,"做笔记,避免忘记好点子"。

无论想到的点子有多么棒,人都容易很快就忘掉。

因此,在收集资料时就好好收集,想到了好点子就马上用笔记下来。

据说,人的右脑负责思考,左脑负责记忆。

我不是脑科专家,不确定这种说法是否正确。但就我个人经验而言,即使觉得"这个点子好!这个故事也可以当素材用",但是如果没有马上用笔记下来的话,过一会儿就会忘记。

因此,无论何时何地,你都要随身携带笔记本。

退一步说,为了让大脑保持思考,你也需要随身携带笔记本。比如,在去上班乘坐的电车里看着拉手吊环广告,突然想到了某个新点子,于是大脑就有意识地想记住这个新点子,而且的确也做到了,但大脑为了记住这个新点子,就不得不停止思考其他的新点子了。

所以,无论何时何地,只要一想到新点子,就马上用笔记下来。这样一来,你既不会忘掉新点子,也可以让大脑继续保持思考。

做"创造性工作"时,如果工作停下来了,那就证明储备的资料不够。

要点 在做没有历史经验可供借鉴的工作时,要先收集资料!

04 即使不擅长"从0到1"也能顺利完成工作的联想法；做"创造性工作"效率高的人不会独自烦恼

> 想要快速完成"创造性工作"，就需要收集大量的资料。
> "别人的大脑"可以成为非常强大的资料来源。
> 那么，如何利用"别人的大脑"呢？

为什么我能够写各种主题的书籍

承蒙出版社编辑的关照，我经常接到写作邀约。

写作的主题多种多样，比如"高效学习法""时间使用法""领袖论""做笔记的方法""PDCA普及法""职场礼仪"和"关于副业"等。

一本书的书稿至少需要8万~10万字，由40~50个篇目构成，平均需要3个月才能写完。写一本商业书籍，会消耗我大量的精力。

书籍必须能够给读者带来启发。要么能改变读者的人生，要么能够答疑解惑。总之，书籍的内容必须对读者有用。

接到写作邀约后，为了尽可能地把书写好，在收集资料时，我或是从已有的经验中提取有用的素材并逐一列出来，或是阅读相似主题的书籍吸取经验，或是研读新闻、杂志以了解世界最新形势。

总之，写书真的非常辛苦。

在此，我跟大家介绍一个非常有效的资料收集方法，那就是"借用别人的大脑"。

"借用别人的大脑"是最便捷的办法

如何"借用别人的大脑"呢？最简单的办法就是"聊天"。

能跟名人、专家进行面对面的交流是最好的，但因为很难有机会，我们基本上只能读一些他们写的书。

当然，如果有条件与别人进行面对面交谈，那最好选择面谈，这样可以更好地倾听对方的见解和意见。

"面谈"是最便捷的"借用别人的大脑"的方法。

我在写书时，就会与责任编辑进行交谈。

交谈是一个行之有效的方法，其优点具体来说有以下5点：

（1）对话可以激发灵感。

(2) 对话可以帮助了解读者的需求。

(3) 通过与编辑（第三者）进行交谈，你会发现一些自己原本认为理所当然的事情对于第三者来说却是陌生的且有用的知识。

(4) 在交谈的过程中，你所思考的内容会得到提炼。

(5) 闭门造车会阻碍灵感迸发。

比如，在写一本以"高效学习法"为主题的书时，我会有以下一些想法：

"为什么想当注册税务师？"

"如何一边工作一边考取建筑行业簿记1级资格证、房地产经纪人资格证、注册税务师资格证？"

"自学、函授、上学哪个最好？"

"看电视有害吗？"（无害。有害的不是电视，而是观看方式。）

"三分钟热度的预防方法。"（不用过度在意三分钟热度。哪怕没了热情，重新开始就好了。）

"学习成功的经验重要吗？"（不重要。我们更应该从失败经验中汲取教训。）

诸如此类。

在与编辑的交谈过程中，我会发现，某些自己原来以为理所当然的事情，其实是我自己独创的想法和学习方法。

能够激发能动性的对话

与编辑的交谈会激发我的写作灵感。

我曾写过一本以"公司职员成为大学讲师的方法"为主题的书。

下面是接到写作邀约时我与出版社编辑的对话。

编辑:"您作为一名公司职员,是怎么成为大学讲师的?"

我:"宪法、经济学等专业知识固然很重要,但在当今社会,更多的是想要提高专业性的学习需求。企业、家长、学生及高校都渴求能够讲解如何提高专业性的讲师。如果回到20年前,我肯定也不敢想象自己有朝一日会站在大学讲台上。但是,时代需要能够教授簿记、财务分析、商务礼仪、经营知识的讲师。所以,我这样一个公司职员才得以成为大学讲师。"

编辑:"原来如此。大多数人无法相信,一个公司职员有朝一日能够成为一名大学讲师,这个可以写进书里去。"

在与编辑的交谈过程中,我整理归纳出了公司职员、研讨班讲师和作家能成为大学讲师的原因,找到了书稿的写作素材。

编辑:"石川先生,请问您成为大学讲师的契机是什么啊?"

我:"因为我一直跟自己当大学教师的朋友、在研讨班当讲师的熟人说,自己想在大学讲课。正好有大学在招簿记教师,朋友就把我推荐过去了。"

编辑："向周围人公开表达自己的愿望很重要啊。"

我："的确如此！正是因为我告诉周围的人我想在大学讲课，所以才站上了讲台。我当时并没有去看过招聘网站，要不是此前到处跟人说，也不可能成为大学讲师。虽然我身边也有人想成为大学讲师，但是因为没有跟周围的人说过自己的愿望，所以即使大学里有空缺的岗位，也没人会想到他。"

从这段对话中，我获得了"如果想当讲师，就要告诉别人"的好点子。

编辑："但是告诉别人自己的愿望是需要勇气的。"

我："是的。敢于将自己的愿望告诉周围的人，首先需要自己具有相应的专业知识储备，同时还要不断地提升自我，并保证自己能随叫随到，到了马上就能开展工作。另外，有些人可能会说，你都没当过老师，这么做不太好吧。我觉得，如果你想实现自己的愿望，就不要理会那些消极的声音，不要找他们商量。"

在这段对话中，我发现了"提前学习的必要性""无视消极声音"等话题内容。

此外，我在与编辑的交谈中还发现了"讲课时需要注意什么""在与学生的接触过程中会遇到什么麻烦""给年轻人讲课会有什么收获""讲课报酬有多少"等许多读者感兴趣的且可以写进书里的话题内容。

通过借用编辑的大脑，我完成了自己写作素材的收集。

做"创造性工作"效率高的人喜欢"闲聊"

怎样在办公室里挤出时间集中精力工作，是决定工作效率高低的关键。

在午餐或工作间隙等时间段里，与周围的人闲聊，分享工作中遇到的困难等，有可能使你受到某种启发，想到新的点子，发现之前没有注意到的问题。

平时不与新员工说话的老员工，也可以从尚未习惯公司环境的新员工那里听到新意见，获得新企划想法。原以为"闲聊"会毫无意义，最后可能聊得意犹未尽。我就常常在与新员工、年轻员工的交谈中，获得很多新想法。

在做"创造性工作"时，如果陷入僵局或者想不到好点子，请不要独自烦恼，而要与其他人进行交谈，借用一下别人的大脑来解决自己的问题。

"创造性工作"完成速度快的人都在利用"闲聊"来帮助自己工作。

"交谈"是"创意之母"！

"绝不犯错"的检查法：消灭一切疏漏的"6W3H"

"创造性工作"陷入僵局的一个原因是收集的资料存在遗漏。那么，如何避免"遗漏"呢？

遗漏信息会导致返工

比如，客户公司的老板工作繁忙，你好不容易争取到了与之面谈的机会。此时，如果你听漏了重要信息，那就很麻烦了。事后你再去问对方，会给对方造成困扰，还会被认为是"没能力、笨拙、拖拉"。

在实际工作中，不仅有听漏信息的情况，还有说漏信息的情况。

比如，在决定成败的演示会上忘记了解说词就很尴尬。"刚才在台上忘记说……"即便事后想补救，也会非常麻烦。

"创造性工作"完成速度快的人会格外注意，绝不听漏任何信息，也绝不忘记应该说的话，切实把握好每一次机会。

也许有人会问，在写企划书或者检查下属交来的提案时，是否有可以防止出现"遗漏"的便捷办法？

答案是：有的！

我就是利用这个便捷的办法来检查是否漏写或者漏说重要事项的。

"5W1H"的进阶版"6W3H"

在最后检查企划书、提案、决定成败的演示或采访资料时，有一个万能办法可以帮助我们防止遗漏必要事项。

这个办法就是"6W3H"！

我想，大家在学习写作时肯定听说过"5W1H"。"6W3H"就是"5W1H"的进阶版。

6W

Who（谁做）：谁是主体？谁负责？

What（什么）：目标是什么？目的是什么？

When（何时）：到何时截止？（期限、日期、日程、开始时间和结束时间。）

Where（何处）：目的地是哪里？集合地或者解散地是哪里？

Why（为何）：理由是什么？根据是什么？动机是什么？

Whom（为谁）：对象是谁？让谁来分担？

3H

How（怎么做）：方法是什么？手段是什么？

How much（多少钱）：金额是多少？费用和预算是多少？

How many（有多少）：数量是多少？人数是多少？定员是多少？

每次做"创造性工作"时，我都会在大脑里过一遍"6W3H"，以确保工作上没有任何遗漏。

在工作的改进阶段，利用"6W3H"按部就班地进行检查，会更加轻松、安全、快速。

请一定要试试"6W3H"。

在我的事务所，做电话笔记时用的模板就是由"时间""致电方""内容""对方电话号码""如果登记过对方的电话号码，就用缩略号码（省去离席者回来后重新查找的时间）"和"接听者"6个项目组成的，可以有效防止漏听信息。

即使离席者回来后，当时接听电话的人离开了，离席者也能根据电话笔记致电来电者，防止"遗漏"信息。

用"6W3H"防止"遗漏"信息，省去重复时间！

06 能够将想法具象化的秘诀："创造性工作"适合不擅长交际的人

在本章我介绍了几种快速完成"创造性工作"的方法。
最后，我想对讨厌"创造性工作"的人提两条建议。

我也曾想过逃离"创造性工作"

那些每天都要做的常规性工作，说得极端一点，即使不思考，只要有时间，按部就班地做，就会自然而然地做完。

销售工作也一样。假设公司的要求是"每周给50位客户打电话"，那就按照要求致电50位客户便是。

但是，如果工作要求是"每周完成一个新签约"，那情况就不一样了，这就不是常规性工作而是"创造性工作"了。

写提案或者做演示资料也是"创造性工作",因为这些工作不是只要花了时间就能做出来的。

"创造性工作"不是花了时间就一定会有结果的。

上中学时,每次大考前,我都会打扫房间。

其实,打扫房间并不会让我的考试分数增加。

现在想来,我打扫房间是因为想逃避考试这个现实。

讨厌"创造性工作"的人在遇到棘手的工作时,可能与我当时的心境是一样的。

明明心里想着应该尽早写完提案或者做完演示资料,但实际上却一直在做一些简单的常规性工作。这些人的心理大概与我考试前打扫房间的心理是一样的。

无论做了多少简单的工作,提案和演示资料都不可能自己变出来。

在本章最后一节,我将给那些讨厌做"创造性工作"的人提两条建议。

第一条建议是,"放空大脑,全身心投入到'创造性工作'中"。

在开始做"创造性工作"时,不要想其他任何事情,先勇敢地迈出第一步,哪怕是半步也行,先做了再说。

即使现在做得不完美,稍后也能修改

第二条建议是,"无论如何坚持到最后"。

写提案和做演示资料时,最重要的是,先不要去想能不能做好。无论采取什么方式,一定要坚持做到最后。

只要做出了雏形,哪怕不够完善,后面也只需修改就可以了。

像错字和漏字这种问题,完全可以留到最后去改正。

跟大家说一件我的陈年往事。25 年前,我们公司招募办事员。当时的应聘简历都是手写的。在众多的应聘简历中,我看到一份简历写得特别好,但是有 3 处错字和漏字。虽然觉得很可惜,但我还是决定不予录用。因为我认为,找工作关乎人的一生,这么重要的应聘简历上竟然还会出现 3 处错字和漏字,那以后写重要文件时估计也会错误百出。办事员做着涉及钱款的会计工作,还可能与银行有业务往来,工作一旦失误,就会引发信用危机。

我不能容忍应聘简历里出现错字和漏字这样的错误。其实,只要应聘者在写完后认真检查了,这些问题都是可以避免的。虽然在写的过程中不需要特别在意,但在写完后一定要逐字逐句推敲和检查。

写文章也是一样。文章写完后,先暂时放在一边,过一段时间后再誊写。

为什么要过一段时间再誊写呢？这是因为，搁置一段时间后，人就能够较为客观地审视自己的文章了。

就我为数不多的经验而言，人们在第二天早上看头一天晚上写的情书时，几乎百分之百地会觉得："天呐，我怎么写出了这么不雅的话呀。"

人在写文章的时候，都是从自己的视角出发来写的，不会觉得存在任何问题，需要将文章搁置一段时间后，才能从比较客观的角度来审视自己的文章，发现并修订文章中那些自以为是的言辞。

不擅长"创造性工作"的人请务必试试"放空大脑，开始工作，无论如何坚持做到最后，后续再冷静地修改"。

做"创造性工作"时，绝对不要幻想能"一蹴而就"！

CHAPTER SIX

第 6 章

工作不拖延的人如何增加私人时间

拖延症自救指南：
告别低效人生的7个实用方法

01 工作不拖延的人的"早起习惯"之一：在清晨处理"重要但不紧迫的工作"

> 本章的主题是"通过养成保证工作速度与质量的习惯来增加私人时间"。
> 工作不拖延的人不仅工作速度快，工作质量也很高。
> 那么，他们都有一些什么样的工作习惯呢？

根据紧迫性和重要性将工作任务划分为 4 类

说到时间管理，"时间管理优先矩阵"（Prioritization Matrix）很有名。

时间管理优先矩阵图以"紧迫性"和"重要性"为横竖两轴，将工作分为 4 种类型——"紧迫且重要""重要但不紧迫""紧迫但不重要"和"既不紧迫也不重要"，如下图所示。

时间管理优先矩阵

	紧迫	不紧迫
重要	**紧迫且重要** 比如：制定决算、写企划书 →麻烦且难度高，并且涉及公司、个人成长的风险高	**重要但不紧迫** 比如：确立发展蓝图、考取资格证 →因为不紧迫，所以没有工作行动力，一直拖着不做完
不重要	**紧迫但不重要** 比如：回复邮件、复印资料、开碰头会等"轻松愉快简单"的工作 →可优先做，但无助于提高个人价值	**既不紧迫也不重要** 比如：回复邮件、复印资料、开碰头会等 →根本就不应该做

涉及公司、个人成长的风险高

一般来说，人们往往习惯于优先完成那些"紧迫但不重要"和"既不紧迫也不重要"的工作。

人类基本上是追求享乐的生物。如果不将工作进行分类，就会如前文所述，优先完成"轻松愉快简单"的工作。

轻松愉快简单的工作大多是"紧迫但不重要"和"既不紧迫也不重要"的工作，如回复邮件、复印资料、开碰头会等。

人们总是习惯于优先做这些"轻松愉快简单"的工作，而对那些"紧迫且重要"和"重要但不紧迫"的工作提不起兴趣。但是，如果总是只做"轻松愉快简单"的工作，是不能提高个人价值的，公司也无法获益。

因此，在开始工作前，我们应有意识地分析一下自己接下来要做的工作属于以上 4 类工作中的哪一类，在认真对它们进行先后顺序排列后，再开始行动。

完成"重要但不紧迫"工作的方法

在这 4 类工作中，最需要警惕的是"重要但不紧迫"的工作。

那些"紧迫且重要"的工作因为设定了完成的时间，我们无论如何都会按时完成。

比如，决算业务因为需要在申报日前提交申请，所以，即便麻烦和讨厌，我们一般也会在提交截止时间之前做完。

换句话说，由于"紧迫且重要"的工作设定了完成时间，暂且不论完成质量如何，至少我们都会按时完成。

但是，"重要但不紧迫"的工作会因为没有设定完成时间，显得不紧迫，所以我们没兴趣做的话就会一直拖着不做。

就公司而言，制订事业计划、确立发展蓝图、制订 5 年计划等，就属于"重要但不紧迫"的工作。即使暂时不做这些工作，也不会影响到日常工作的正常进行。

就个人而言，考取资格证、事业发展的自我提升、阅读提高技能的书籍等，也属于"重要但不紧迫"的事情。即使暂时不做，日常生活也不会受到影响。

如此看来，"重要但不紧迫"的工作很多都是可以让公司或者个人得到更好发展、能够脱颖而出的工作。

那么,如何完成那些容易被拖延的"重要但不紧迫"的工作呢?

答案是,在清晨做这些工作。

人们应该养成每天早上从"重要但不紧迫"的工作开始做起的习惯。

如果想考"行政文书职业资格证",那就在早上提前一个小时起床学习。

如果想要公司得到更好的发展,那就提前30分钟到公司,用这30分钟时间思考公司的发展蓝图。

如果不早起的话,这段时间是不存在的。也就是说,无论你用这段时间来做什么,都不会导致其他工作时间的缩短,所以,因早起而挤出来的"清晨时间"最适合做"重要但不紧迫"的工作。

将"清晨"变成做"重要但不紧迫"的工作或事情的黄金时间!

02 工作不拖延的人的"早起习惯"之二：把握住了应该着力的时间段

> 早上是做"重要但不紧迫"的工作的黄金时间。
> 换言之，清晨的度过方式可以改变自我。
> 接下来，我将以自己为例进行介绍。

清晨的注意力最集中

在上一节，我建议大家在清晨做"重要但不紧迫"的工作或事情。

为什么在清晨工作会比较顺利呢？因为这时不会受到"邮件""电话"和"下属（领导）问询（呼叫）"的打扰。在清晨，很少会有"邮件""电话"和"下属（领导）问询（呼叫)"。

越早越不会受到影响。

如果你早上第一个到公司,那么在第二个人到达公司之前的这段时间里,公司就是完全安静的。

正如我前面反复说过的,无论是工作还是学习,节奏很重要。

好不容易形成了工作节奏,进入了工作状态,此时电话突然响了,或者下属找你有事,那你前面所有的努力就白费了。

要重新集中注意力是很难的。

可能有人会说,"晚上家人都入睡后的时间也是安静的呀"。

这话不错,问题是,如果下班后去培训学校或者语言学校上课,有固定的学习时间,尚且还好。但如果下班后直接回家学习,那就很难确定学习的结束时间了。觉得在家学习可以一直学到睡觉前,那只是人的天真幻想。实际上,在家学习时,一不小心就会变成做与学习无关的事情,比如"看会儿电视再学""吃完饭再学(吃完饭后人会犯困,糟糕透了)",却不去做那些"重要但不紧迫"的事情。

而且,工作一天精疲力尽,人也难以集中精力去做那些"重要但不紧迫"的事情。人会觉得"今天工作累了,明天晚上再做吧"。即使勉强做了,也容易沦为"三天打鱼两天晒网"。

因此,我们还是应该在清晨去做"重要但不紧迫"的事情。

在清晨,人刚醒来,整个人焕然一新、精力充沛,注意力处于满格状态。

因为清晨有一个"截止时间"——上班时间,所以此时做"重要但不紧迫"的工作,更容易取得理想效果。

正是因为可以做的时间有限,所以能够更加集中注意力。

我利用"清晨时间"通过了注册税务师考试

我曾经为了专心备考注册税务师考试而辞掉了工作。

我原本是一个"夜猫子",或者更准确地说,反正觉得自己时间多,于是一整天都很懒散,根本没有具体的学习时间计划。

因为我觉得,只要待在家里,那就处在随时都可以学习的环境之中,所以也就没有设定集中学习的时间。

最初的半年我独自学习,想睡觉时就睡觉,想起床时就起床,的确处于一个随时都可以学习的环境之中。

但是,这个"随时都可以学习"换一个说法就是"随时都可以偷懒"。然而,当时的我却没有察觉到这一点。在没有任何时间管理意识的情况下,我第一年参加考试遭遇了惨败,满分100分的考试,我只考了不到10分。

经过深刻反省后,我在二战注册税务师考试时,就选择了一边打工一边备考。我每周去注册税务师事务所打工4天,并且报名了培训学校的培训课,生活过得张弛有度。

我还决定早睡早起,变成一只"早起鸟"。

我每天提早两个小时起床学习。如果当天要去上班，我就做练习题，一直做到要去上班。如果当天要去培训学校上课，我就复习上节课的内容，一直复习到去上课。

我规定好每天的学习任务，有计划地学习。如果早上能完成差不多一半的学习任务，那么这一天就会过得比较轻松。反之，如果睡懒觉了，那就要充分利用午休时间、课间休息时间、等红绿灯的时间等空闲时间来完成学习任务。

颇具讽刺意味的是，相较于辞职专心学习的第一年，明明第二年的学习时间减少了，但因为有了早上的集中学习时间，我反而通过了考试。

通过这件事，我切身体会到，即便工作忙碌没有很多学习时间，但是只要安排好集中学习的时间，也比时间多但是无计划学习的效果要好。

清晨是改变人生的黄金时间。

无论是准备资格证考试还是升学考试，只要在大清早做那些平时总是会被拖延的"重要但不紧迫"的事情，就总有一天能做完。

工作不拖延的人不仅知道工作或做事的"着力点"在哪里，还知道"应该努力的时间"是在什么时候。

应该努力的时间就是"清晨（泛指上午）"。

请大家利用清晨的时间去改变自己的人生吧。

充分利用清晨时间的诀窍是"反推"行动的时间

"我明白清晨时间可以提高工作效率,但我就是起不来。"

对于这些人,我也有诀窍。

假设我们决定从明天开始每天早起学习。

刚开始的时候,大家都能够努力爬起来学习。但是过了几天后,有的人就会越来越想赖床。

而且,如果没睡醒,哪怕被闹钟吵醒了,大脑不灵活,起来了也没意义。

想要做到早上精神抖擞地醒来,请"反推"一下自己的行动安排。具体做法如下:

(1) 首先制订实现目标的计划。这里以××资格证考试备考计划为例。

(2) 了解每天需要学习多长时间才能通过考试(比如,一个小时)。

(3) 从上班时间开始"反推"起床时间。如果每天早上需要学习一个小时,那就在准备上班的时间之前,提前一个小时起床(比如,如果7点钟开始准备上班,那就在6点钟起床)。

(4) 了解什么时候睡觉第二天早上起床时才会精力充沛。假设必须睡7个小时才能保证头脑清醒,那就从起床时间开始"反推"睡觉时间（比如，如果要早上 6 点钟起床，那就应该在前一天晚上 11 点钟睡觉）。

重点是要确定好上床的时间。如果只是规定起床时间，但入睡时间早晚不一，那么就不能保证充足的睡眠。如果总是睡眠不足的话，就会坚持不下去。

"目标"是最好的闹钟！

03 不惧失败的精神：用这个办法摆脱辞职情绪

> 工作不拖延的人即使失败了也不会久久不能释怀。
> 他们习惯于迅速调整好心态，重新投入到工作之中。
> 那么，怎么调整心态呢？

试着将目标变成例行公事

有些人对自己的工作没有信心，迟迟不敢开始行动。他们总想着：

失败了怎么办？

卖不出去怎么办？

没有成功签约的话怎么办？

想多了，脑袋里就会冒出消极的想法，于是变得不敢开始行动。

工作不拖延的人会在烦恼开始之前先行动起来。

即使失败了，他们也不会消沉，不会放不下，很快就调整好心态。

从某个角度来说，工作即便失败了也有它的价值。失败是成功之母。请养成这样的思考习惯。

担心自己签不到合同而惴惴不安的人，不如将目标从签约成功率换成签约次数。

比如，将"一个月签5单"变成"上午打200次推销电话"。从某种意义上来说，这样一换，原本的创造性工作就变成了常规性工作。或者将工作目标定为每周拜访50位客户。因为工作目标变成了追求数量而非成功率，所以至少不会因为无法达成目标而消沉。

这样一来，即便是因为担心失败而不敢行动的人也能先行动起来了。

另外，我建议大家，工作之前先调查一下本行业商品销售的签约成功率。

知道了本行业签约成功率的平均值之后，就可以避免过度焦虑了。

如果知道在自己的行业每拜访100位客户能签成1单就很厉害了，那么即使自己拜访了100位客户，被97位客户拒绝了，也就不用伤心了，甚至还应该感到高兴，因为自己竟然签了3单。

明明是不怎么畅销的商品，领导却硬逼着下属卖出去更多；明明商品的销售量还不错，却仍旧高兴不起来。这些情况都只会让大家感到疲惫和郁闷。

当然，在了解了本行业签约成功率的平均值之后，考虑到公司的未来发展，领导有必要将工作目标定高一点，在平均值的基础上加20%。但是，如果连平均值都不知道，就鲁莽地制订目标和计划，一旦完不成目标，就只会打击员工的工作士气。

无论是个人目标还是团队目标，都要保证具有可行性。"这个商品的平均签约成功率只有这么多，那么就只卖这么多！"

铃木一郎会因为"有六成的球没有打到"而召开记者会道歉吗

工作不拖延的人知道工作的"着力点"在哪里，不会因为小事而灰心丧气。

打开一副扑克牌，翻到红桃牌的概率为四分之一，也就是25%。除去大小王牌，每种花色的扑克牌都有13张。所以，无论你多么努力，希望翻出来的扑克牌全部都是红桃牌或者至少一半是红桃牌，都只可能有25%的概率。虽说只有25%的概率，却不会有人因此而感到灰心丧气。

虽然说棒球界的传奇运动员铃木一郎的击球率非常高，但年击球率也未达到过四成。假设铃木的年击球率达到了四成，那他也不会在记者会上说:"对不起,我有六成的球都没有打到。"因为大家通过统计数据知道,在职业棒球界,能够达到四成的击球率是非常了不起的。

弄清楚了基本标准,我们就能避免无谓的灰心丧气了。

如果想辞职了怎么办

无谓的消沉是没必要的。

拥有调整心态的习惯很重要。

即便懂得这些道理,但工作实在太辛苦了,只想辞职。

想跳槽到适合自己性格的公司,或者想自己创业。

但是现在自己还没有足够的能力跳槽到更好的公司或者自己创业……

那究竟该怎么办才好呢?

此时,请一定要这样想:一年后的今天辞职!

有了这样的想法后,接下来会发生什么样的变化呢?

如果只有一年的时间,你的行动肯定会发生变化。

如果继续像现在一样每天都过得浑浑噩噩,那么一年后辞职的话,肯定会沦落到露宿街头。

哪里还有时间去矫情。

请在这一年的时间内,尽可能地在现在的工作单位积累工作经验,为下一份工作或者创业做好准备。

虽然可能不行,但还是去试试做销售工作。在坐电车上班途中，读一些商业书籍。

如果有可以实践的事情，你不妨大胆去尝试。

在辞职前的这一年里，假设有 250 天上班，那么每天尝试一件事情，就能积累 250 次经验。

你还可以去参加商务研讨班，提升自我，考取必要的资格证等。

一旦决定一年后辞职，有了明确的时间期限，你就会自然而然地迸发出行动力。这时，你会觉得眼前的景色与往日不同，周围人看你的目光也会发生变化。

决定一年后辞职的你可能会成为无所畏惧的行动派，成为公司不可或缺的人才。

你也可能会因为放下了一切，能够轻松上阵，逐渐发现现在工作的乐趣。

失败乃成功之母，不要灰心丧气，大胆前进！

04 工作不拖延的人爱读书：选择好书，保持阅读习惯

工作不拖延的人基本上都爱读书。

读好书，在工作中进行实践，并提高工作效率。

那么，如何选择适合自己的好书呢？

阅读是工作的加速器

提高工作效率最便捷的办法是阅读商业书籍。

就我所知，工作不拖延的人都爱阅读。

工作不拖延的人明明承担着巨大的工作量，竟然还读了那么多书，让人不禁疑惑，他们到底是怎么读完的。反过来，越是工作拖延的人，明明实际上并没有做什么工作，却老是抱怨自己因为工作太忙而根本没有读书的时间。

"因为刚进公司，所以想学习商务礼仪。"

"最近销售业绩没有起色，让我很烦恼，我想学习抓住客户心理的推销办法。"

"第一次当领导，想学习领导理论。"

"想改善职场人际关系，想培养沟通能力。"

每个人的工作烦恼各不相同。

书籍可以解决所有的工作烦恼，包括"商务礼仪""经营知识""领导理论""沟通技巧"和"时间管理"等。

书籍的作者囊括了各领域的专家，从历史伟人、业界泰斗、王牌讲师、外国知名教练到一流专家等。这些大佬的书都在书店的书架上等着给你提供建议和指导。

工作不拖延的人知道书籍的作用，养成了阅读习惯，实践书上的知识，提高了工作效率。

如何选择适合自己的书籍

各领域专家写的书在书店等着我们。

好书数不胜数，让人眼花缭乱。当你难以抉择时，有一个可以被称作"试用期"的方法，能够帮助你找到自己需要的书。

具体而言，就是在书店里站着读书。

一本商业书籍大概定价为1500日元，但在书店站着读的话就是免费的。

大家没有理由不尝试一下这个办法。

如果是非常紧急的书，我会在网上买，除此之外，我一般都是在实体书店买书。因为在实体书店，同一个主题下有许多相关书籍可供翻阅比较。有时候我还会遇到其他主题的好书。

我常常把与人见面的地点定在书店。我最大的兴趣就是逛书店，其次是逛旧书店。

我在挑选书籍时，首先看的是"书名"。通过书名等来判断这本书是不是我需要的。其次，我会看"作者简介"，判断作者是否具有写书的资历。如果我觉得"这个人说的话值得借鉴"，那么我就会看序言里作者介绍的内容是否符合自己的需求。最后我会看"目录"，如果目录足够吸引人，我就会买下来。但是如果看完目录后，我感觉大多数都是自己知道的内容，或者基本上能够猜到具体内容是什么，那么我就觉得没必要买了。

在书店偶然看到吸引你的书，可以站着翻一翻，按照"书名"→"作者简介"→"序言"→"目录"的顺序看下来，再决定是否购买。当然，顺序也可以换成"书名"→"序言"→"目录"→"作者简介"。

我的处女作的写作秘密

因为自己选书时按照"书名"→"作者简介"→"序言"→"目录"的顺序来挑选，所以我第一次写书时也格外注意这4点。

我的处女作是《30~39岁逆袭人生的每天30分钟学习法》。感谢大家的捧场，让这本书成为畅销书。它不仅再版了，还出了电子书，并被韩国引进出版。我相信，只要读者选书的方式跟我一样，那极有可能会购买这本书。

《30~39岁逆袭人生的每天30分钟学习法》的目标读者群是30~39岁的担任中层管理职务的非常繁忙的商务人士。这个年龄层的人正处于上头被领导训话、下面被新人盯着的状态。

为了吸引这些人注意，我在书名中融入了"每天只要学习30分钟，就能够改变人生"的含义，直击他们想改变人生但苦于没有时间学习的痛点。

被书名吸引来的人肯定会看作者简介，以判断作者是否值得信赖。我在作者简介里毫不遮掩地坦言自己曾经一无是处，后来实现了逆袭，并改变了人生。

我高中读的是高考强校，但只考上了夜大，甚至还留过级。毕业后入职的公司是现在所谓的黑心企业。为了改变人生，我从备考日商簿记3级开始，不断提高难度，陆续考取了2级、1级簿记资格证，还通过了注册税务师考试。在15年的学习期间和15年的执教期间（当时我是大原簿记培训学校讲师），我自学过，也学过函授课程，上过培训学校的研讨班。

我之所以在作者简介里写这些内容，是为了让读者认可我具备写这本书的资历。

我在序言里写道：

"逆袭人生的办法,要么创业,要么跳槽,要么成为全公司另眼相待的专家。想创业,就需要考取注册税务师、社会保险劳务士等资格证。想跳槽,就需要成为跳槽公司需要的人才。想成为全公司另眼相待的专家,就需要成为专家。简言之,无论想通过什么方法逆袭人生,都只有学习这一条路可走。"

在目录里,我用独特的标题来激发读者的兴趣,比如"不是非得早上做""看电视也无妨""每天只需30分钟"等。

我觉得《30～39岁逆袭人生的每天30分钟学习法》能成为畅销书,得益于我用书名吸引了读者注意,并通过"作者简介""序言"和"目录"激发了读者的购买欲望。

阅读习惯的重要性和挑选书籍的方法已经说完了,愿大家在有限的时间里能读到优质的书籍,改变自己的工作效率和人生。

要点

一本好书可以提高工作效率,改变人生。

05 速读的诀窍在于"目的意识":养成实践书本知识的习惯

> 读书很重要,但光读书是没有意义的。
> 重要的是,要活学活用书本上的知识。
> 要养成在日常生活中实践书本知识的习惯。

我在研讨班最先传授的知识

没有比书籍更为良心的工作顾问了。试读期(在书店里站着看书)免费,咨询费(书价)也就1500日元左右。

不过,书籍也有一个"缺点",那就是因为廉价,所以很多人读完了就扔一边不管了。

如果买一本书花了数万日元,人们就会为了赚回买书的钱而拼命汲取书本里的知识。但是,如果买一本书只花了1500日元左右的话，人们很可能读完就将其扔一边了，根本不会想着去实践书上写的东西，过了几天甚至忘得一干二净。若是这样，即便读了万卷书，也毫无意义。

我在"时间管理""高效领导"等研讨班上讲课时，一定会让第一次听我课的学生们做下面的3件事情：

（1）让学生找出自己现在面临的一个问题。

（2）让学生认识到今天参加研讨班是为了解决上述问题。

（3）（只要人数允许）让每位学生介绍自己想要解决的问题。

走完上面的流程，学生们的想法就会发生一些变化。如果我发现有学生的问题不在自己准备的讲义内容范围内，那我就会在讲课过程中加入相应的内容。

然后，我会告诉学生们："大家不需要记住今天讲课的全部内容，只需要记住自己能够用得上的知识，并在工作中进行实践，养成习惯。"如果不在第一次上课时提醒大家，学生们就会拼命地试图记住所有的知识，这既是不可能的，也是完全没有必要的。

正如我在前面说过的，不同公司、不同职业的人会遇到不同的问题，研讨班的上课内容也不见得全都有用。最重要的是，即使记住了许多知识，但回去后却没有去实践任何知识，那么记住再多也是毫无意义的。

因此，我反复强调，哪怕只记住一个知识点也行，但回去后一定要实践，并养成习惯。

实践书本知识的阅读方法

我们不是为了阅读而阅读，而是为了实践书本知识才阅读书籍。

接下来，我将介绍我的阅读方法。

我读完一本书的时间基本上是 15 分钟。不是速读，而是浏览完目录后，将内容分为速读和细读两类，只细读重要的内容。

就像我们去旅游一样，没人会在乎前往景点路上的风景，都是到了景点后再慢慢欣赏风景。阅读也是一样，只需细读重要的内容。

如此一来，一本商业类书籍基本上只需要 15 分钟就能读完。

比如，有人想解决与下属的沟通交流问题，买了相关书籍后，可以先快速翻看，读到重点部分时再仔细品读，确保完全读懂。

我们应根据自己的职位、工种、下属的年龄等，从书中找到相似情况及解决问题的方法，熟读内容，并在工作中进行实践。

不妨多实践几次。如果的确有效，那就养成习惯。如果没有解决问题，那就重读一遍，再进行验证、改良。

换言之，我们可利用一本书来走一遍 PDCA 流程。

假设每天利用上班的通勤时间读一本书,那么一年上250天班就能读250本书。从每本书中找一个知识点来完成PDCA,那么一年就能验证250个知识点。只要能够把这250个知识点的10%转化成习惯,那么一年就能掌握25个知识技能。

要点　只有活学活用书本知识并养成习惯,这样的阅读才有价值。

06 成功者只要有 15 分钟时间就会去咖啡店:不浪费一分一秒的习惯

> 工作不拖延的人厌恶千篇一律。
> 讨厌固定的工作地点就颇具代表性。
> 外出办事时,只要有 15 分钟空闲时间,我就会毫不犹豫地去咖啡店。

改变环境可以提高效率

无论是学习还是工作,如果每天都在同一个地方待着,就会使人们逐渐心生厌烦。

遇到这种情况,我们就应该放下一切,换一个地方继续工作或学习,这样就能重新焕发生机与活力。

咖啡店这样的地方，既能保证不受打扰，又能让人变得精力充沛。

正因为如此，那些需要进行"创造性工作"的企业，比如IT企业，会把办公室设计成自由空间，员工没有固定的工位，每天可以根据心情随意选择自己喜欢的地方办公。

斋藤孝曾经写过一本书，书名是《只要有15分钟就去咖啡店》。当然，斋藤并不是建议大家去咖啡店喝咖啡放松休息。

斋藤的意思是，只要有一小段空闲时间，即使是短短的15分钟，我们就应该去咖啡店里工作或学习。

我的想法与斋藤孝先生一样，只要在外面有15分钟的空闲时间，我就会毫不犹豫地去咖啡店。

因为我知道，改变工作地点可以提高工作效率。

在《只要有15分钟就去咖啡店》这本书中，斋藤列举了许多可以在15分钟内做完的事情。比如：

"冥想"

"寻找创意"

"回顾人生"

"规划工作"

"查找问题"

"交接工作"

"调整情绪"

"记录感想"

"积攒聊天话题素材"

"处理杂事"

"深入交谈"

"翻译/学习"

"阅读书籍"

"开两个人的会"

"预演/复盘工作"

"反思自省"

"清算拖延的工作"

"咨询请教"

"备考"

诸如此类，不胜枚举。我想，每个人都能找到要做的事情。

不过，在咖啡店工作或学习需要注意以下两点：

第一点是，提前确定好要做的事情；第二点是，关掉手机，避免刷手机。

当然，还有一点，不要在点单时犹豫不决（开个玩笑）。

顺便说一下，我一般是点冰牛奶，没有的话就点冰咖啡。

即便只有 15 分钟也要去咖啡店的意外效果

"即便只有 15 分钟时间也要去咖啡店工作"还有一个优点，

那就是"截止时间"效应。

我在介绍充分利用清晨时间学习的章节里说过,我可以清晨起来学习,一直学到准备上班。因为有上班时间这个"截止时间"的限制,所以学习效率会很高。

同理,只有15分钟时间还去咖啡店的话,也会激发人的"赚回付出成本"的心理。

在这种情况下,人不会为了点什么饮品而犹豫不决,也不会翻阅与工作无关的报刊。

充分利用空闲时间是所有工作不拖延的人都有的习惯。因为他们认为时间最宝贵,所以宁愿花钱也要去咖啡店工作。

是的,时间等于金钱。而且,时间比金钱更宝贵。

只要你愿意,无论是在街角的图书馆,还是在电车里、飞机上,都可以工作。甚至在跑客户的间隙时间里、在等红绿灯时、在等电车时,也可以工作。

我有一个朋友叫西泽泰生,他就是在上下班途中写书的,一年居然写了5本商业书籍。西泽现在已经从公司辞职,成为一名畅销书作家,是我非常信任的朋友。

听说,此前他为了赶截稿期,在等电车时,会坐在站台的长椅上打开电脑写稿。所以,只要你想工作,无论何时何地都可以工作。

偶尔在休息日去公园,坐在树林里的长椅上,听着孩子们的嬉闹声、喷泉的流水声,可以放松心情,此时做"创造性工作"

应该会是一种不错的新鲜体验。

建议大家把宝贵的时间变成高效的集中工作或学习的时间。

请一定要试试改变一下环境,打破千篇一律,以便更好地集中注意力,提高工作效率。

 改变地点,提高效率,不浪费空闲时间。

07 告别工作拖延的"终极方法":近朱者赤,近墨者黑

> 至此,我已经介绍了许多提高工作效率的方法。
> 最后,我想讲一下告别工作拖延的"终极方法"。
> 不过,是否把它变成习惯,决定权在你手上。

"跳蚤与杯子的故事"其实有后续

在那些自我开发类的研讨班上或者商业类书籍中,常常会讲到一个故事。

跳蚤能跳到几乎相当于自己身长100～150倍的高度。

但是,如果将跳蚤放到玻璃杯里并盖上盖子,跳蚤渐渐地就只能跳到玻璃杯盖子的高度了。起初,跳蚤还会努力跳,但总会碰撞到盖子,反复碰撞盖子的结果是,跳蚤最终放弃了跳跃。哪

怕之后把盖子拿开，跳蚤也只能跳到盖子的高度了。

这个故事告诉我们，如果轻易放弃挑战，自认到了极限，那将再也不可能超过那个界限。因此，绝不能放弃挑战。

实际上，这个故事还有后续，讲述了如何让放弃跳高的跳蚤重新跳回到原来的高度。

方法是，将另外一只跳蚤与那只曾经被放进玻璃杯里的跳蚤放在一起。

玻璃杯跳蚤看到旁边的跳蚤能够跳那么高，会心想："诶！我是不是也能重新跳那么高啊?!"曾一度放弃跳高的玻璃杯跳蚤会重拾自己原有的能力，重新跳到超过杯子的高度。

我不清楚这个故事是取材自真实的实验还是纯属虚构，但我觉得它是一个引人深思的好故事。

因为我也认为，如果我们身边有目标高远的伙伴，那么他们会激励我们超越自我。

告别工作拖延的"终极方法"

我在本书中已经介绍了许多提高工作效率的方法，最后我想介绍一个告别工作拖延的"终极方法"。

这个方法就是与工作不拖延的人一起行动。

下面是我在培训学校备考注册税务师考试时的亲身经历。

我在那个学校最先结交的朋友是在吸烟室里认识的一群混

混。虽然抽烟本身没什么，但是上自习课时也去吸烟室跟那群混混聊天，一不小心就会聊很久。

在培训学校，每个月都会有一次模拟考试。这群混混在考试前会去酒屋喝酒，美其名曰"考试前喝酒，可以鼓舞士气"。考试结束后也去喝酒，庆祝考试结束了。

我心想，如果跟这群人混在一起，永远都会考不上注册税务师，于是我决定离开他们。

我申请换到了别的班，跟另外一群人一起上课。这个新认识的小团体，在每次模拟考试前，所有人都会没日没夜地学习。

考试结束后，大家会聚在一起对答案、互相答疑，直到所有人都没有不懂的问题后，大家才一起去喝酒。在酒桌上，大家聊的还是学习。明明考试平均分只有60分，却会有人说："我考了85分。但A考了90分。我要再加把劲。"而原来班级的混混们则是："我考了30分。诶，B竟然考了60分，神了！"两个团体的价值认知简直天壤之别。

在离开混混们，结识了优秀的伙伴们后，我备受激励，跟他们一起努力备考，终于成功考取了注册税务师证。

10年后，这群伙伴在各自的领域大展身手。而原来班级的混混们在考了几次注册税务师都没有考过后，只好放弃考试，选择了别的工作。

如果当时我没有及时离开混混们，说不定我现在也跟他们一样，碌碌无为。

这就是告别工作拖延"终极方法"的真实事例。

想拖延工作的话,就同做事拖延的人一起工作,那你的工作效率肯定也会变低。

因此,提高工作效率的"终极方法"就是和工作不拖延的人成为朋友。

拥有能高效完成工作的伙伴

这是一个真实的故事。

我曾同时接了几部书稿的写作邀约,出版社要求必须在 4 天内写完 8 万字的书稿。用每页 400 字的标准稿纸来换算的话,就是要写 200 页,相当于一本常见的商业书籍的分量。

如果放在以前,我肯定会觉得自己做不到 4 天之内写出 200 页。但是,我放眼看自己周围的朋友们,有每天写报道的记者,有出版 200 多本书的教师,还有平均每个月写一本书的作家,等等。

面对这样一群人,我找不到自己 4 天内写不出 8 万字书稿的理由。

事实上,我最后的确在 4 天之内写出了 8 万字的书稿。

我既没有突然灵感喷涌而出,也没有文豪附体,是周围的能高效完成工作的朋友们激励我超越了自我。

如果你想成为工作不拖延的人,那就与工作不拖延的人成为朋友。

事情就是这么简单。

如果与一些非常优秀的人在一起,你也会逐渐把他们的超高水平当作理所应当。就像在体育界,很久没有被打破的纪录一旦被某个人打破后,就会陆续出现其他人打破原来的纪录。

说了这么多摆脱工作拖延的办法,不知道对你是否有用。

衷心希望你能够在自己的工作中切实实践本书提到的一两个办法,提高自己的工作效率,拥有一个更充实的人生!

 要想提高自己的工作效率,就和高水平的人成为朋友!

结　语

一天只有 24 个小时，没有多余的时间可以浪费！

谢谢你读到了最后。

要想成为工作不拖延的人，首先，你要摒弃那些无用功、恶习、低效率。其次，你还要考虑现在的工作是否能分派给下属去做、能否用金钱购买时间、能否请专家或者领导帮忙、能否借鉴前人的经验、能否借用别人的智慧等。最后，你还要设定严格完成工作的截止时间，细化高难度工作，用 5 秒钟规则结束厌恶的工作，建立假说进行验证，等等。

通过掌握工作技巧，找到工作的最佳"着力点"，工作效率会有惊人的提升。

一天只有 24 小时。没有空闲时间去做没有意义且多余的事情。

人们常说，小孩子与成人的时间感觉不一样。小孩子觉得时间漫长，越长大越觉得时间不够用。

之所以会有这样的感觉，是因为小孩子每天都有新发现，学到新知识，而大人每天都在重复做着相同的事情，每天都是两点一线往返于公司与家，做常规性工作，没有新的发现。正是这种差异造成了小孩子与成人对时间的感觉不一样。

比如，一名小学五年级的学生过了5年后成为一名高一的学生，身边的朋友也变了，自己也变声、长高了，每天都在学习新事物，每天都在成长变化。一位32岁的成年人过了5年后变成了37岁，工作可能维持原样，一般身高是不会变的，顶多也就是体重会发生变化。对比两人这5年的岁月变化，就能够看出小孩子与成人的差异。

所以，我们应该像小孩子一样，每天体验新事物，获得新发现，找到新乐趣。我同时兼职5份工作，就是想享受人生。我既想体验上班族的生活，也想以注册税务师的身份给他人提出建议；还想在大学向学生传授经济知识，在研讨班上为学生讲授知识；更想写书向社会传递有用的知识。我想在此生体验5种不同的人生，所以一直在不停地挑战自我。

我能够走到现在，是因为我知道每份工作的"着力点"在哪里，知道做好每份工作的诀窍，只做必要的事情。

我希望你在读完本书后，能够找到工作省力的诀窍，好好利用节省下来的时间，度过充实的一生。

值此出版之际，请允许我感谢所有帮助过我的人。

谢谢PHP研究所的宫胁崇广先生向我发出写作邀约，坚信我能够围绕"工作不拖延的人"写点东西。

谢谢我的朋友西泽泰生先生。谢谢他帮我校对书稿、收集信息、提供创意等。多亏有西泽先生，我才能够集中精力写完这本书。

　　谢谢家乡的母亲。母亲一直惦记着我的身体健康，为我加油鼓劲，关心我、呵护我，永远站在我这边。谢谢！

　　还要谢谢真理、天圣、凛。每次大家在一起都很开心，我看到大家的笑容，写书的疲惫就一扫而光，并一直快乐地度过每一天。

　　最后，再一次感谢读到这里的你。

　　如果你庆幸自己遇到了这本书，那我真的会非常高兴！

石川和男

2020 年 2 月